ナマコは平気！目・耳・脳がなくてもね！

5 億 年 の 生 命 力

東京大学医学部附属病院助教
一 橋 和 義
Ichihashi Kazu

さくら舎

ふだんは
真っ黒！*

変身!?

クロナマコ

白い砂をつけてお化粧!?

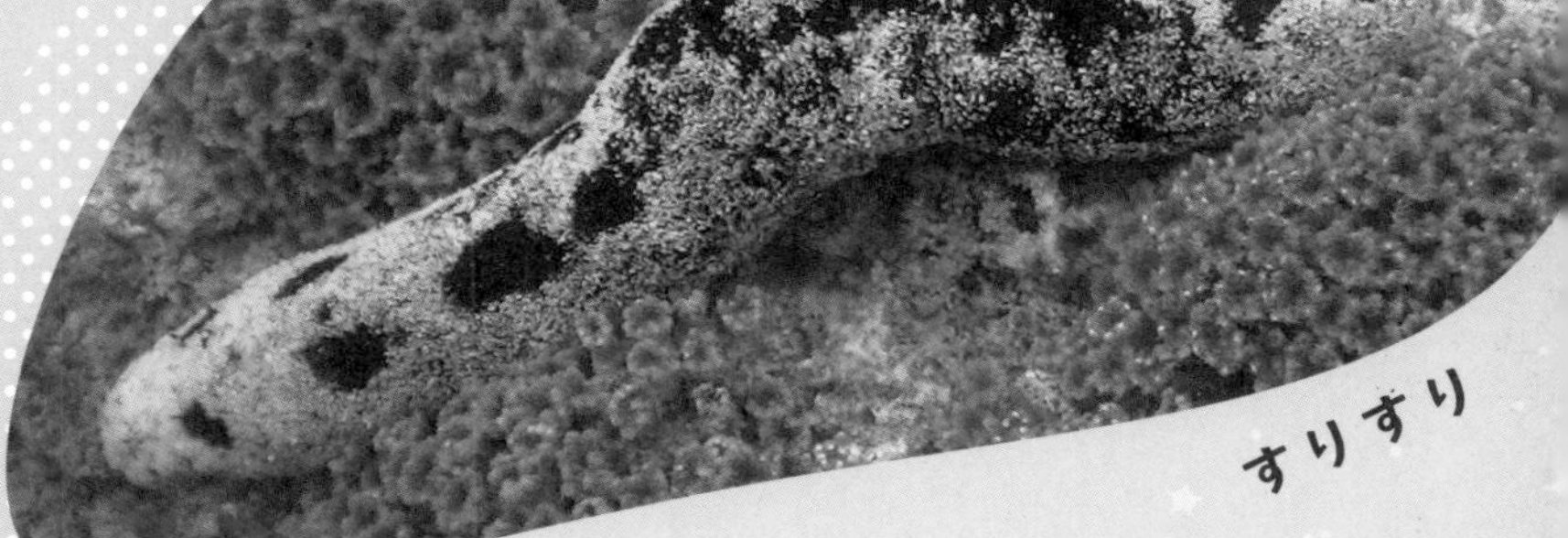

すりすり

＼目みたいなもよう！／

ジャノメナマコ*

バイカナマコ*

＼「梅の花」の梅花《バイカ》／

アカミシキリ*

＼お腹の赤色がチャームポイント＼

オオクリイロナマコ*

ダチョウの卵じゃありません

ソウメンみたいな
キュビエ器官が！

ねばねば
攻撃～

フタスジナマコ*

高級中華
食材です

おいしそう……？

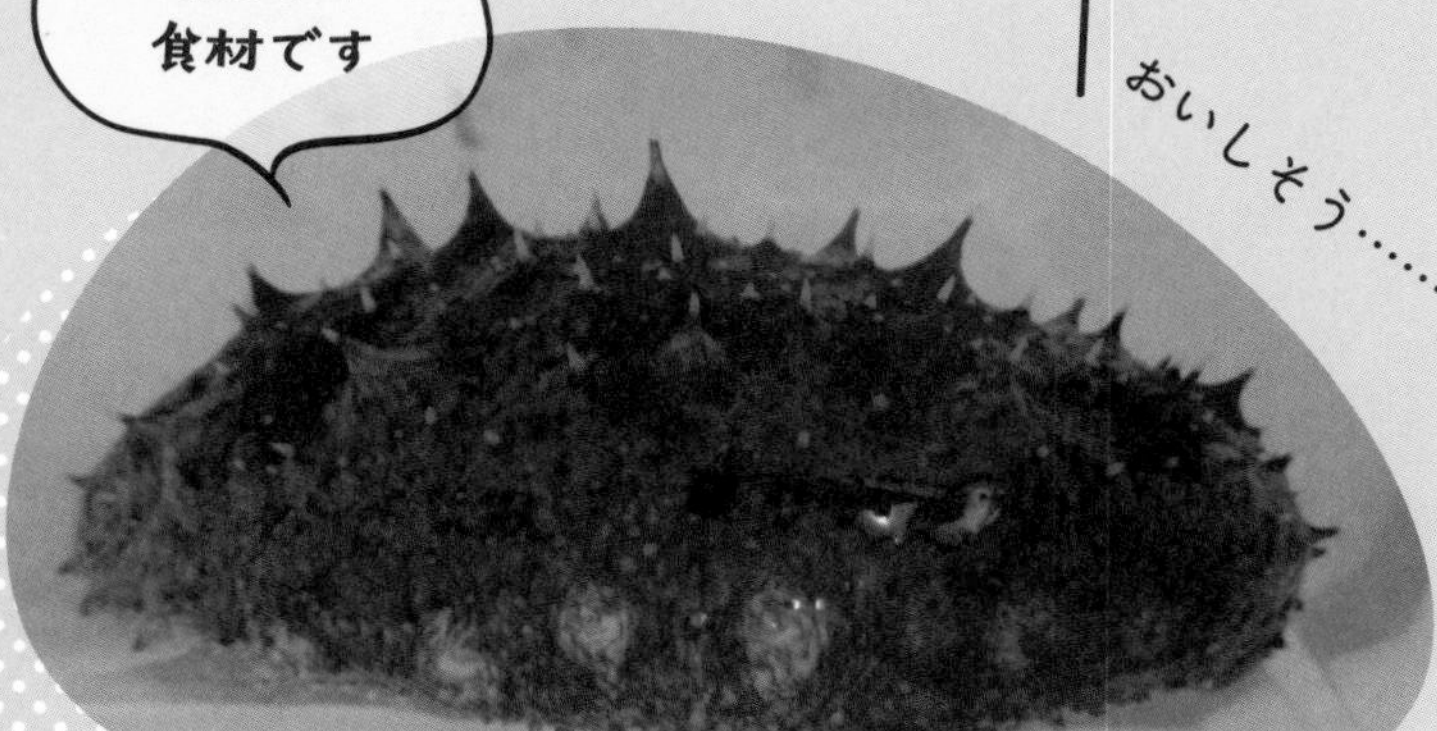

マナマコ

ハネジナマコ

コッペパンみたい！

どちらが口か
わかるかな？

クロナマコに
そっくり！

ニセ
クロナマコ

ニセトラフナマコ*

イサミナマコ*

唐あげでも
天ぷらでもない！

みーんなナマコ！

トゲオオイカリナマコ*

海ぶどうじゃ
ありません

それぞれの
名前、
わかる？

集合～！

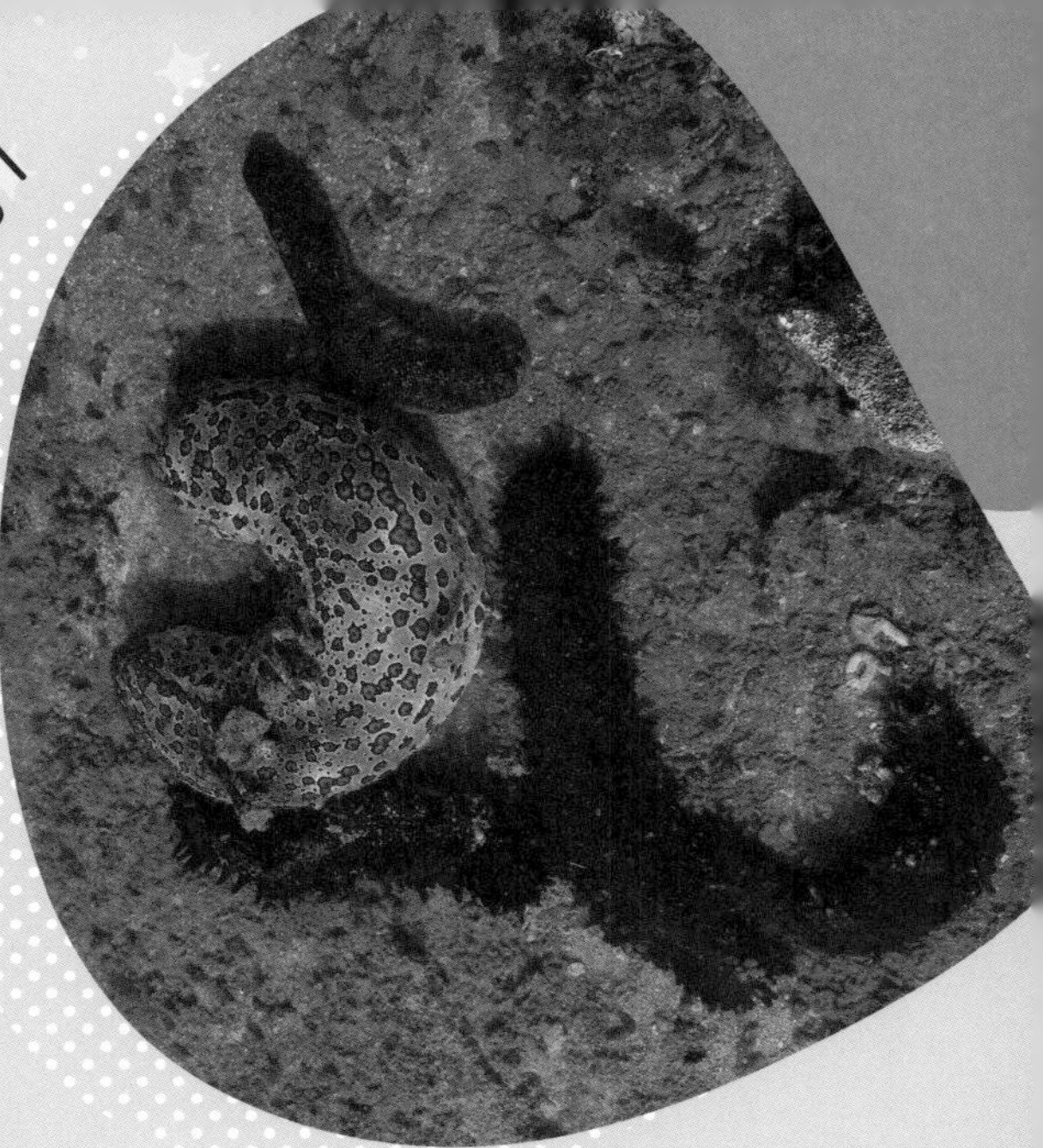

これまでのページが
ヒント！

岩や石に
まぎれます

ひっそり
つつましやかに……

イシナマコ*

＊は亀田和成氏撮影、そのほかは著者撮影

はじめに

私は学生の頃からナマコの研究をしています。きっかけは学生のときの失恋でした。落ちこんだ私を心配して友人が手紙をくれたので、その返事に「僕は海の底に沈んだナマコ以下だ……」ってなことを書いたんです。そうしたら、なんでいきなり、いままで気にしてもいなかったナマコなんて言葉が出てきたんだろう、と思い、魚屋さんに行ってナマコをつついてみたら、ナマコの体の硬さが変わっておもしろかった。それが研究のはじまりです（んなアホな、と思われるかもしれませんが、本当です）。

ナマコはヒトのような目も耳も心臓も脳もありませんが、海の底でひっそりと、りっぱに生きています。

本書ではそんなナマコの魅力をお伝えすべく、物語ふうにし、解説を盛りこむ形にしてみました（冒頭で主人公が失恋しているのはご愛嬌ということで、ひとつお願いします）。

ナマコの大まかな生態については物語の中に織りこんでいます。もう一歩踏みこんで知りたいという方は、解説部分を適宜ご参照いただければと思います。

ナマコという不思議な生き物のことを知るだけではなく、ナマコの視点から人間の世界を眺めると、もしかしたら私たちのいままでの考え方（とらわれ）を超えた視点から、毎日を楽しく豊かに生きていけるヒントが何か見つかるかもしれません。

ぜひ気持ちをラクに、楽しんでいただけたらと思います。

２０２３年７月

一橋　和義

目次◆ナマコは平気！　目・耳・脳がなくてもね！——5億年の生命力

ナマコは平気！　目・耳・脳がなくてもね！

——5億年の生命力

海底へ

失恋したら大変です。心は深い深い海の中、どんどん沈んでいき、あたりは寒く暗くなっていきます。自分の存在が暗闇の中へ溶けだし、自らの存在が薄らいでいきます。ショパンの葬送行進曲を編曲しながら心は暗闇の中を沈むのです。そしてとうとう海底へたどりつき、横たわるのです。ただ暗闇とひとつになって、海底の泥の中にまぎれて横たわるのです。（曲：ここで、バッハのBWV1056アリオーソの演奏）

「あ～僕はナマコ以下になってしまった。僕は海の底に暮らすナマコよりも底に沈んでしまった。もう終わりや、このまま沈んだまま深い海の中で一生を終えるんや！　これが僕の人生やったのか、もう先に進むことも、ましてや浮かびあがることもできへんわ。お、わ、り、や」（曲：ここで、バッハのBWV565トッカータとフーガ ニ短調の冒頭の響き）

だだだだ～ん、だ、だ、だ、だ～ん（曲：ここで、ベートーヴェンの運命の冒頭の響き）

アルマータ姉さんとの出会い

ドッドソ、ドッドソ、ドッドソ、ドソドソ……（効果音）
何やら暗闇の中で動いています。と、何かがお尻に触れました！
「痴漢!?」

（暗闇の中、不思議な歌が聞こえてくる）

♪♪♪

ふっ、ふっ、ふっ、ふ、ふわりんこ、ふわりんこ、ふわりんこ、こ、こ、こ、こ、こ〜

私はこ、私はこ、ここにも、あそこにも、こ、こ、こ〜いっぱいいるだよ、こ、こ、こ〜

♪♪♪

「幻聴か！　とうとう終わりの時が来たんか？　はたまた、すでに死んでいるのか？」

するといきなり顔を、チアガールが持つポンポンのようなものでなでまわされました！

「誰だ！　勝手に僕の顔をなでまわす奴は！　曲者《くせもの》出てこい！」

「あ〜ら、ぼっちゃん、さっきまで沈んでいたくせに威勢のいいこと。私は〝こ〟、な、ま、こ！　**動物界・棘皮《きょくひ》動物門・ナマコ綱《こう》・楯手目《じゅんしゅもく》・シカクナマコ科・マナマコ属・マナマコ：*Apostichopus armata* (Selenka, 1867)** よ！　大昔の日本の名前は、〝こ〟、曲者なんて、し、つ、れ、い、しちゃうわ！　ちなみにぼっちゃんは、動物界・セキツイ動物門・哺乳綱・霊長目・ヒト科・ヒト属・ヒト：*Homo sapiens* Linnaeus, 1758 よ！　おわかり！　ところで、深い海底にまでやってきて何やってはるの！」

ナマコの名前と、生物学的分類

日本ではナマコは「海鼠」と書き、「海のねずみ」の意味です。中国語では海参《ハイシェン》と書きます。漢方薬として古くから用いられ、その強壮作用から「海の人参《にんじん》」の意味で、漢方薬で有名な朝鮮人参の薬効成分であるサポニン類をナマコももっています。英語ではsea《シー》 cucumber《キューカンバー》で「海のキュウリ」、ドイツ語のSeegurke《ゼーグルケ》も同じ「海のキュウリ」です。

現存する日本最古の書物であり、日本の日本神話を含む歴史書である『古事記』（712

年）に、すでに「海鼠」の表記があります。古くはナマコとは呼ばずに「コ」と呼んでいたようです。[1]

『古事記』には74種類くらいの動物の名前が出てきますが、海の生物ではクジラ、イルカ、サメ、タイ、スズキのほか、ナマコも出てきます。ナマコは古事記の神代《かみよ》篇其《へんそ》の六に登場します。アマテラスオオミカミが天岩戸にお隠れになった際に、天岩戸の前で踊ってアマテラスオオミカミが岩戸から出てくる際に貢献したアメノウズメが、阿耶訶《あざか》（現在の三重県松阪市の伊勢湾に面した地名）の海で、伊勢にいる魚をみんな集め、「お前たちは天つ神の御子（ニニギノミコト）にお仕えいたすか」と問いました。すると、もろもろの魚たちは「お仕えします」と答えましたが、ナマコだけは何も答えなかったそうです。するとアメノウズメは懐に入れた紐《ひも》飾りのついた小刀でそのナマコの口を切り裂いたので、いまもナマコの口は横に裂けている（ナマコが口から触手を出しているようすが口が裂けているように見える）という物語です。[2]

　カイコガの幼虫「蠶《かいこ》（蚕）」など芋虫形の動物を、昔は「コ」と呼んだそうで、[3]平安時代中期の承平《じょうへい》年間（931〜938年）につくられた辞書である『和名類聚抄《わみょうるいじゅしょう》』では、「コ」に漢名の「海鼠」をあて、以来、「コ」は海鼠とされるようになったとの記載もあります。「コ」はナマコ類の総称で、生のものは「ナマコ」、それを炒《い》ったものは「イリコ」、串に刺したものは「クシコ（串海鼠）」といいます。[1]

ナマコの古い名前「コ」は現在も珍味の呼び名のなかに残っています。江戸時代から続く日本の珍味として、江戸将軍家や京都御所への献上品としても重宝されてきたことで知られる「このわた」「からすみ」「ウニ」のなかの「このわた（海鼠腸）」は「こ」の腸（はらわた）の意味で、ナマコの内臓の塩辛です。また、ナマコの生殖巣は「このこ（海鼠子：「こ」の子）」、「くちこ（口子）」と呼ばれます。塩辛にしたものを「生くちこ」、干して乾物にしたものを「干しくちこ」といいます。とくに「干しくちこ」を三角形、三味線の撥《ばち》のような形に干したものを「ばちこ」と呼びます。1匹のナマコから1本のわずかな量の消化管、また、ナマコの産卵期にしか生殖巣は得られない（あとで述べますが、内臓がない場合もある）ので、ナマコの珍味は貴重です。

ちなみにナマコは生物の分類では、動物界 Animalia、棘皮動物門 Echinodermata（echino= トゲのある、derma= 皮膚）、ナマコ綱 Holothuroidea（holothuro= ポリプ様）となります。棘皮動物にはナマコ綱のほか、ウミシダを含むウミユリ綱、ウニ綱、ヒトデ綱、クモヒトデ綱がいます。[4]

ナマコたちの共感

「失恋しました……、絶望してるんです……」

「ぜ、つ、ぼ、う？　あ～、死に至る病ね。キルケゴールやね。ぼっちゃん、つらいわね～、つ、ら、い、わね～、同情するわあ、共感するわあ、ど、う、じょ、う、するわあああああ～、同情しすぎて内臓が全部お尻から出てもうた！」

「ぎえ～何なん、キモ！　なんで内臓全部出したん！　はよ、しまわんとおばさん死ぬで！」

「このクソガキ！　おばさんちゃうで！　動物界・棘皮《きょくひ》動物門・ナマコ綱《こう》・楯手目《じゅんしゅもく》・シカクナマコ科・マナマコ属・マ、ナ、マ、コ：*Apostichopus armata* (Selenka, 1867) やでえ～！」

「名前長いわ！　覚えられへんわ」

「ほなアルマータ姉さんとお呼び！」

「アルマータ姉さん、腸も肺も出てるで、はよ、しまわんと！　死ぬで！　えらいこっちゃ！　救急車呼ばんと！」

「肺ちゃいまんねん〝呼吸樹《こきゅうじゅ》〟いいまんねん。何でもありまへん、わて、**ストレス感じたり、同情しすぎると食道のとこから切れて内臓が全部お尻から出てまうねん！　自分で切ることを自切《じせつ》、内臓を出すことを吐臓《とぞう》**といいまんねん。あんさんへの、わての最上級の愛の表現どすえ〜」

「ええ〜！」

（曲：ここで、ロベルト・シューマンの献呈）

ポ〜ン、ポポ、ポポ〜ン、ポポポポ〜ン、ポポポ、ポ〜ン、ポポポ、ポ〜ン、ポポポ、ポ〜ン、ポポ〜ン、ポ、ポ〜ン、ポ〜ン！

アルマータ姉さんの近くにいたナマコたちも、アルマータ姉さんが内臓を全部お尻から出したのに共感し、ポ〜ンポ〜ンと内臓をお尻の穴から放出しはじめました。あたりには内臓がたくさん浮いています。

「うわ、とんでもないことになってもうた。けど、僕、いつの間にか愛されとる！　おばさん、内臓なくなってどうするん、食事もできへんやん」

「お姉さんどす！　また、**内臓は再生しまんねん。1、2週間で細い内臓ができ、1、2ヵ**

月もすれば新品の内臓にチェンジやで！」

「1、2ヵ月もかかんの！　その間食事できへんやん、今度は餓死するで！」

「死にまへん、**新しい内臓ができるまでは体を少しずつ溶かして、それを栄養にしまんねん。**わて、小さくなりまんが、生きてゆけますねん」

「よかったわ。安心したけど、驚いたわ。人間やったら内臓なくなったら確実に死ぬで！」

ところで、おば……、お姉さんは食事せんとどれくらい生きられんの」

「半年くらい平気どす。1年近くは大丈夫かもしれまへん」

内臓を出す「吐臓」

ナマコは物理的な刺激を与えたり、水質など環境が悪くなったりしてストレスがかかると内臓をお尻から放出することがしばしば見られます。これを吐臓といいます。食道のところから自分で内臓を切り離します。ちなみに、自分で体や内臓を切り離すことを自切といいます。1匹がストレスを感じて吐臓すると、周囲のナマコもつられて吐臓することもあります。水槽内で次々と吐臓されると掃除が大変になります。

クロナマコの吐臓

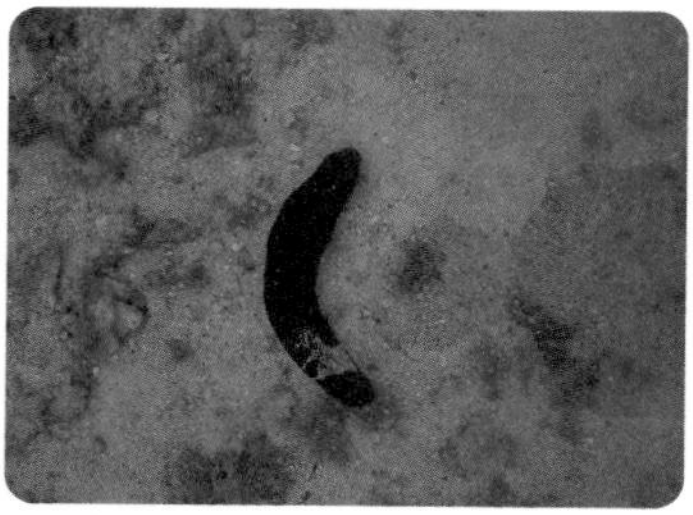

ふだんのようす

ストレスを加えると、内臓を出しはじめた

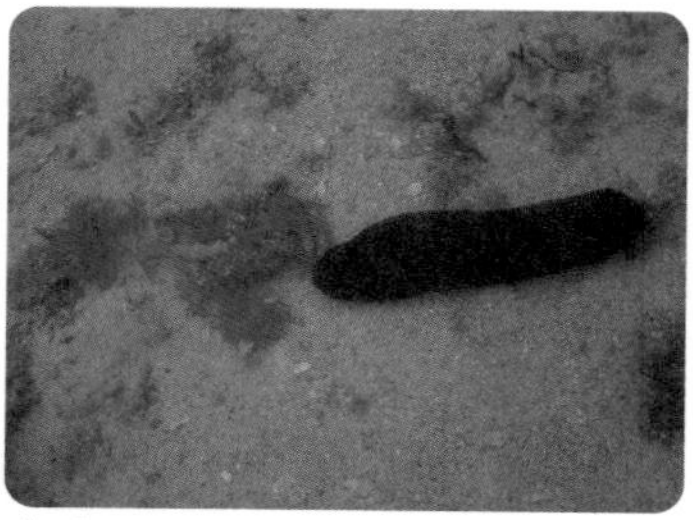

内臓を出しおえた

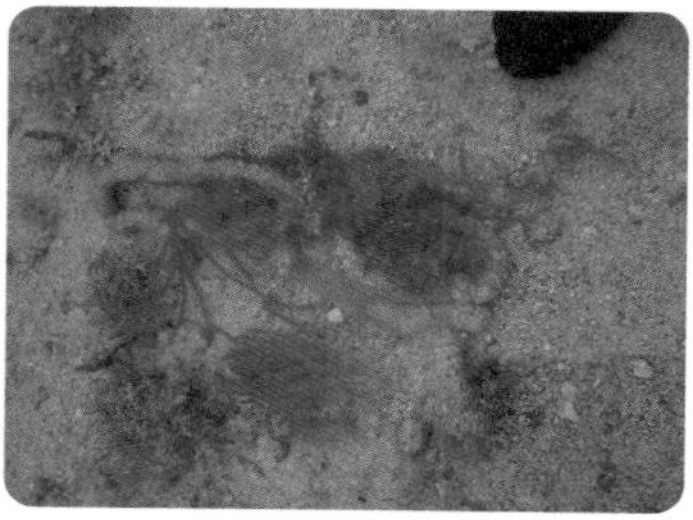

お尻から放出された内臓

海の底のおそうじやさん

「驚いたなあ、めっちゃすごいやん！　食事できるようになったら何食べるん？」

「砂や泥どす」

「砂、泥ですか〜、そんなん食べて栄養になるん？」

「栄養価が高いとはいえまへん。けど、有機物が少し含まれてるんや。それに、砂や泥の表面には顕微鏡でないと見えんような小さな藻《も》なども生えてるんやで。わては、**砂や泥を20本ある触手で丁寧に少しずつ口に運んで食べまんねん。**そうして、**きれいになった泥や砂をお尻の穴から数珠《じゅず》つなぎのように出しまんねん。**見てみなはれ、これがわてのきれいな、う、ん、こ、どす！」

「うわっ、うんこなんて見せんでえええて、うわっ、うわっ！　見てもうた！　あれ、くさないわ。きれいなうんこや！　アルマータ姉さんは海底のおそうじやさんみたいやなあ。

　1日にどれくらい食べはるの？」

「そやな、**だいたい体重の4分の1から3分の1くらい食べるで**」

「おばはん、けっこう食べはりまんなあ。体重の4分の1やとして150g×365日＝

54，750g、1年で約55kgかいな。20匹おったら1t《トン》超えるで！」

「アルマータ姉さんやで！　わてそんなに太ってまへんで！　そんなに食べてまへん。皮膚からも水に溶けた栄養をとれるさかい、食べるだけとちゃいまんねん」

「さらに食べとるやんか。口だけでなく皮膚からも食べれるん。すごいな〜全身が口やんか。

　アルマータ姉さん、ところで、あめちゃん舐《な》めまっか？　砂や泥ばっかりやと低カロリーやで」

「何、大阪のおばはんみたいなこと言うとんねん。あめちゃんはあかん、高カロリー食は体に毒やさかい、食べたら体調が狂うてしもうわ。気持ちだけでけっこうどす。

　わてらは**ただひたすらそこらにある砂や泥を食べて、そん中に含まれるわずかな有機物を栄養にしとるんや。**たくさんある触手を使えば、ほんの少しずつ口に運んでも、やがてはちりも積もれば山や！　水の中に溶けとるわずかな栄養も皮膚から入る。そこら中に食べもんはある。高カロリー食を求めてあくせくせんでも十分生きていけるがな。ただゆっくり丁寧に少しずつ食べつづけて、きれいなうんこを出すだけや。そうしよったらいつの間にか海の底がきれいになって、みんなが気持ちよう、すめるようになったんや。ただそれだけや」

ナマコの食事量とフン

ナマコの食事スタイル

ナマコはただひたすら複数の触手を使って海底の砂や泥を口に運び、砂や泥に含まれる微量な有機物を栄養として取りこんで生きています。食べた砂や泥はきれいな砂や泥となり、数珠つなぎのような長いフンとしてお尻の穴から放出されます。

触手の動きはゆっくりです。決してシャベルカーのようではなく、触手を海底にそっとタッチして触手の先（てのひら）についた砂粒や泥を少しずつ口に運びます。触手は複数あり、ゆっくり、少量でも、絶え間なく触手を動かすことで、生きていくのに必要な量の砂や泥を消化管へ運ぶことができるのです。

さて、ナマコは1日にどれくらいの砂や泥を食べるのでしょうか。沖縄など暖かい海の比較的浅いところに生息するクロナマコの1日のフンを回収してみると、1匹のナマコは1日におよそナマコの体重の4分の1の砂や泥を食べることがわかりました。

ヒトにたとえるならば、体重50kgの人が、少しだけビスケットの粉が混じった12kgくらいの砂を食べている感じでしょうか。しかも手ですくって食べるのではなく、手のひらを地面にあて、手のひらについた分だけ口の中に入れるのです。何度も手のひらを地面につけて口に運ばなくてはなりません。

ナマコの触手は15本、20本、30本と種類ごとに数がちがいます。手がたくさんある阿修《あしゅ》羅《ら》観音《かんのん》がすべての手を使い、床に散らばった米粒に手のひらをあてて、手のひらにくっついた米粒を何度も口に運んで食事をするような感じです。すごく効率が悪く地味な食事のように見えます。

しかし、食べ物は床一面に散在しているので、食べ物を探しに遠出する必要もなく、置かれた場所でただひたすら触手を動かして食べ物を得て生きている。ノートルダム清心学院の理事長をされていた渡辺《わたなべ》和子《かずこ》シスターの著書『置かれた場所で咲きなさい』[5]にぴったりの生き方、置かれた場所、目の前にあることに対し、ただひたすら、ゆっくりでも、少しでも手を動かしつづけ、丁寧に着実に取り組む、それがナマコの生き方なのです。

実験：ナマコが1日にどれだけフンをするのかを、どのように調べるか？

「ふれあいなまこラグーン」というものがあります。日本ウミガメ協議会付属黒島研究所の庭に地下海水をくみあげてつくられた、ナマコや魚などが放し飼いにされているタッチプールのようなものです。私がナマコを観光客や修学旅行生に解説しやすいようにと、研

ふれあいなまこラグーン。ウミガメや魚を飼育している海水が、浅い部分から真ん中の深い部分へ流れこむ

究所所長の若月元樹《わかつきもとき》氏が穴を掘りはじめ、研究所の研究生やスタッフで穴掘りや石垣積みなど行い、（私も滞在中は少し手伝いました）できあがりました。最近はマングローブが大きくなって池の上に陰をつくり、また根は生物の隠れ家になったり、水中へ落ち葉を供給したりして生物が生息しやすい環境になっています。

　このラグーンに暮らすクロナマコのフンを集めることで、1日にどれくらい食べるかがわかります。というのもナマコは砂や泥に含まれるわずかな有機物を餌としているので、フンと食べた砂や泥の量はほぼ同じと見て、フンの量から1日にどれだけ砂や泥を食べたかが推測できるのです。

　ラグーンには海のような波はないため、

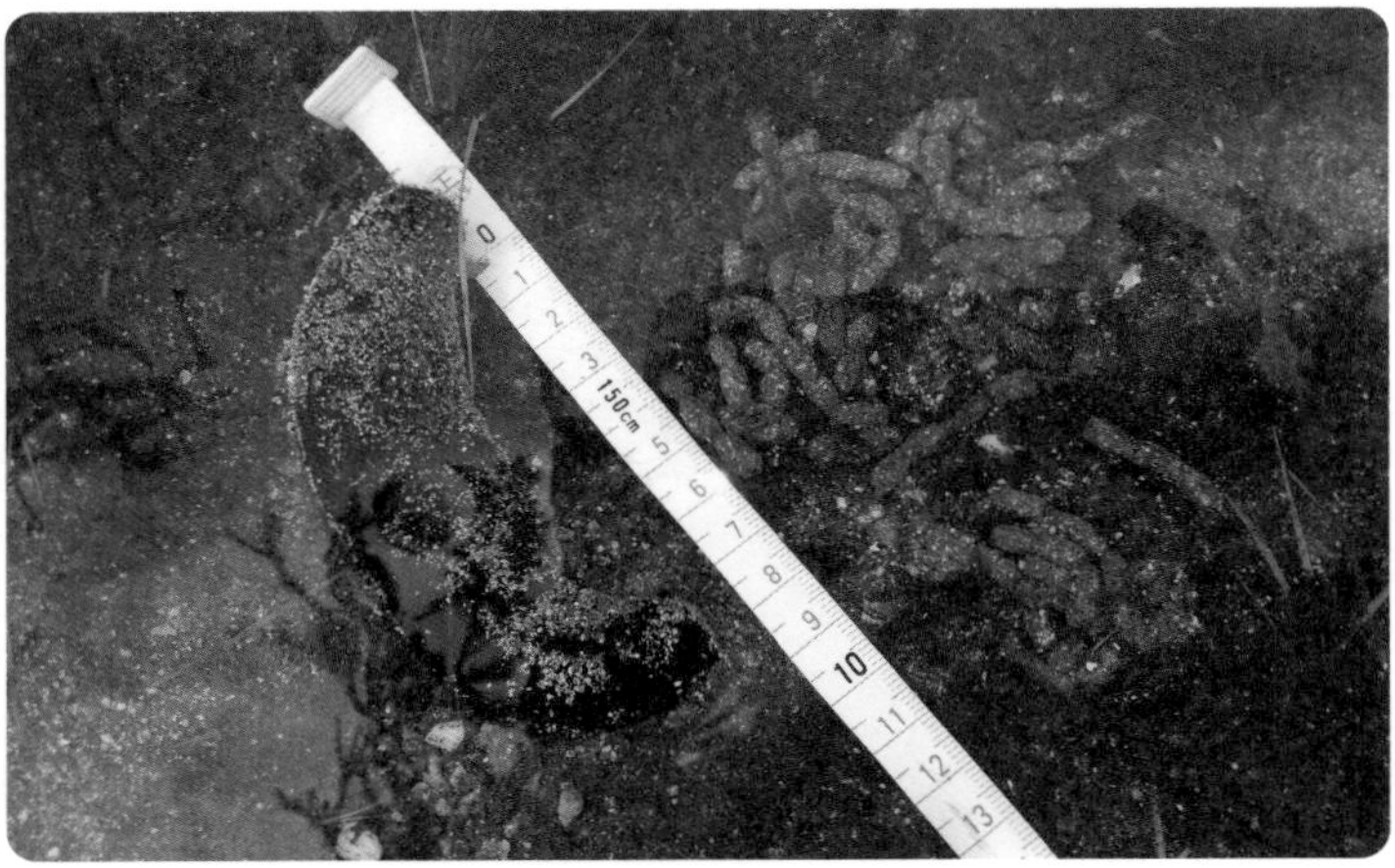

クロナマコと24時間で排出されたフン

ナマコのフンは、一晩くらいは壊れずに形を完全に留めています。また、ナマコはまわりにある泥や砂を食べてフンをしているので、どのナマコのフンかすぐにわかります。そのフンをスプーンですくって集め、重さを計測するのです。[6]

体長13〜14㎝、幅3〜4㎝、60gのクロナマコの場合、最大直径約5㎜、最小直径約3㎜、節の長さ約8㎜の数珠つなぎになった75㎝のフンをしていました。このナマコの消化管を取り出して長さを調べると25㎝ありましたので、消化管の3倍の長さのフンをしたことになります。計測されたこのナマコのフンの平均直径を4㎜とし、長さ75㎝の円柱形として体積を計算すると、1日に排出したフンの体積＝0・2×0・2×3・14×75＝9・42

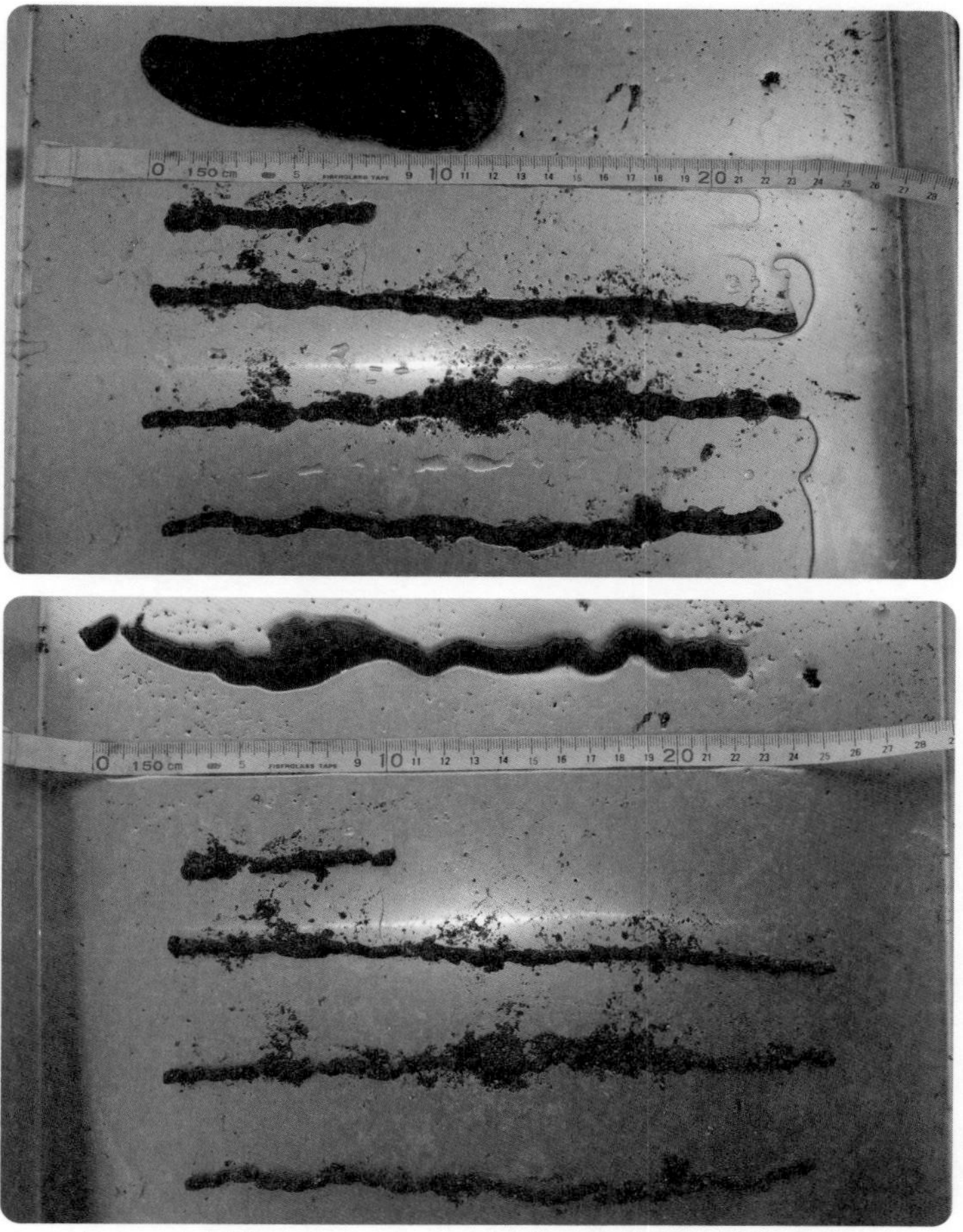

クロナマコと採取されたフンの全長。24時間で排出されたクロナマコのフンはクロナマコ収縮時の全長の約６倍の長さ。上の写真はクロナマコ本体、下は上のクロナマコから取り出した腸。24時間で排出されたフンの長さはナマコの消化管全長の約３倍。

㎤となります。

　また、波打ち際のよく洗われたサンゴ砂の比重を計測するとおよそ1・58g／㎤くらいですので、先のナマコのフンがすべてサンゴ砂であるとすると、フンの重量＝9・42㎤×1・58g／㎤≒14・88gとなり、およそ体重の4分の1と同じくらいの量のフンをしている計算になります。

　ほかの種類のナマコの研究[7]や個体差も考慮するとナマコの食べる砂や泥の量はナマコの体重のおよそ4分の1〜2分の1くらいの量と推察されます。また、温帯地域のマナマコなどは水温が上がると餌をあまり食べなくなるので、季節によって食べる量が大きく異なるナマコもいます。

★ナマコの人生ワンポイントレッスン★
どん底でもひたすら手を動かして、少しずつでも何かを積みあげ、しっかりと咲きましょう！

脳ないない

「なんか頭いい生き方やんか、脳みそ大きいんとちゃう?」
「わて**脳みそあらしまへんねん**」
「え〜! 脳みそはないんかいな、脳みそなくてもこんなに賢く生きられんの! ひょっとして脳みそ鍛えんでもいいんちゃうか。学校の勉強って何やったん?」

ナマコの上で遊んでいたエビたちが歌いはじめました。

♪♪♪
脳ないない 脳ないない
ナマコには 脳がなく ひたすら 触手を使って
砂や泥を お口に入れて わずかばかりの 栄養とって
きれいなウンチを たくさん出して 海底をきれいにしています
脳ないない 脳ないない

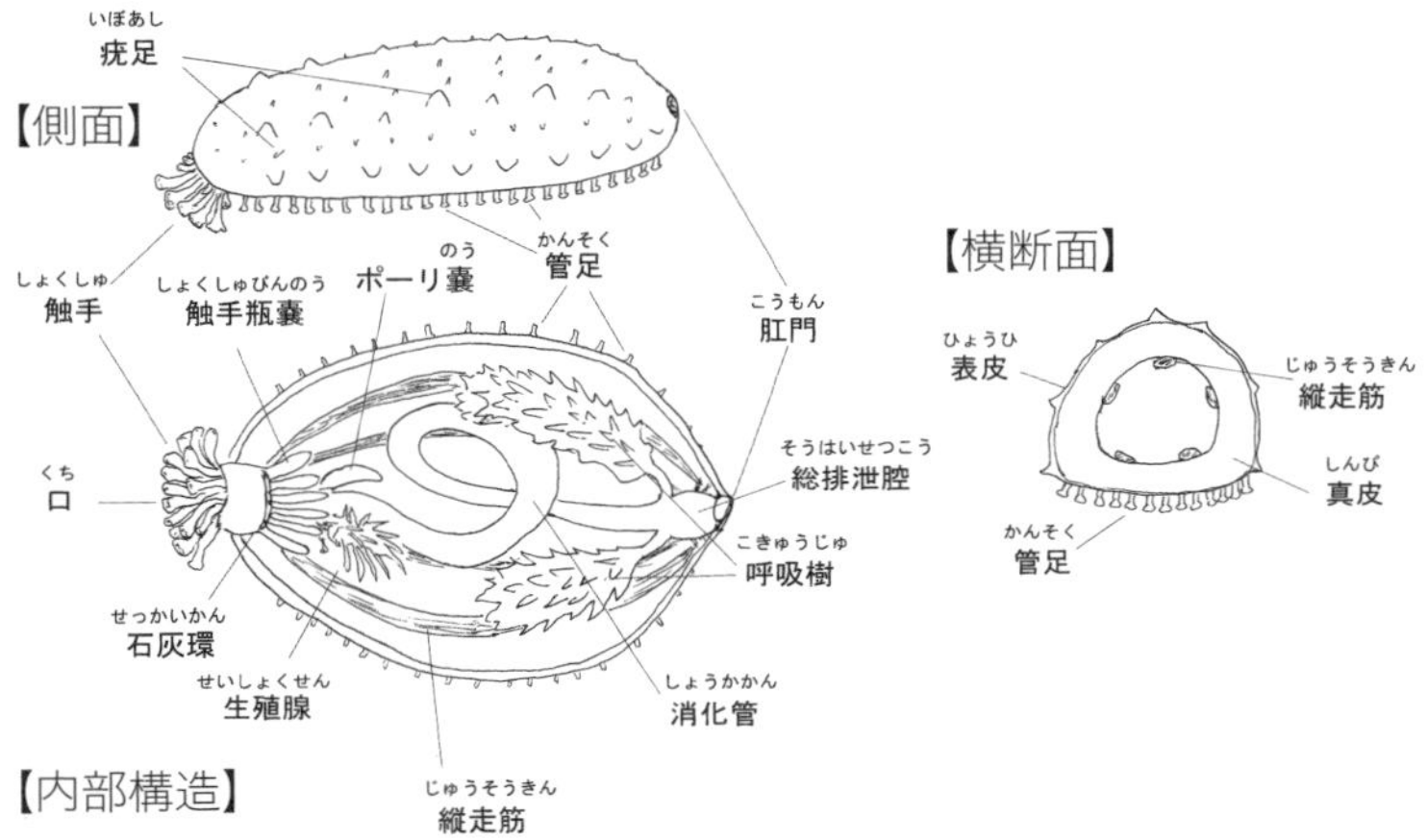

マナマコの解剖図（概略）。腹面には多数の管足があるが、管足がない種類もある。このナマコはキュビエ器官（→127ページ）はない。5本の薄く長い縦走筋が頭からお尻に向かって真皮の内側を走っている。硬さを変えることのできる真皮が厚く、筋肉は少ししかない（文献3、8、9を参考に簡素化した解剖図を作成）

脳はなくても　りっぱに生きている　脳はなくても　生き方上手
脳ないない
♪♪♪

ぼっちゃんは目を輝かせてアルマータ姉さんに質問しはじめました。

「脳がなくてもええん」

「ええよ」

「頭よくなくてええん」

「ええよ」

「勉強せんで、ええん」

「無理な勉強は体に毒やで、せんでええよ」

「じゃあ何もせんでええん」

「息はしなはれ」

「ところで姉さんは鼻はどこにあるん？」

「鼻はありまへん」

「鼻ないんか。鼻くそほじられへんやん」

「鼻ないない。鼻くそもないない」

「じゃあ、どこで息するん」

「お尻で、息しまんねん。こんなふうにや、ふ～ふ～ふ、ほ～～、ふ～ふ～ふ、ほ～」

アルマータ姉さんはぼっちゃんの顔にお尻をむけてお尻の穴から水流の息を吹きかけました。

「なんか、すかしっぺをもろにかけられてる感じや。くさくはないけど、複雑な気分やで。ところでお尻で吸った新しい水はどこに行くん、肺とかはあるん？」

「さっき、ぼっちゃんに同情しすぎて内臓出したときにいっしょに出したのがわての肺、〝呼《こ》吸樹《きゅうじゅ》〟といいまんねん。わては**お尻から吸った新しい水を呼吸樹に送って息をしますねん。**呼吸樹に水を送るときにはお尻から水が出んように、お尻の穴をきゅっと閉じるんやで」

「あれ！　姉さん、さっき呼吸樹を捨てたやろ。息ができんのんとちがうん」

「息は皮膚でもできるんで、お尻から新鮮な水を内臓が出てしまった空間に入れて、内からも外からも酸素を取り入れられるんやで。わてはそれほど激しい運動はせえへんから、それで十分生きていけるんやで。息をするときはぼっちゃんの口側が、わてのお尻側ということやね」

「でも口はお尻の反対側やろ」

「そう、**触手がついてるほうが口やで**」

「顔はどっちなん。息をするほうかいな、口のあるほうかいな。目のついてるほうかいな？」

「ぼっちゃんのような**目はありまへん**」

「目、ないん。どうやって見るん？　僕のこと見えてなかったん」

「ぼっちゃんのことは目では見えないナマコの眼《まなこ》で心の底まではっきり見えてますがな。わてらは**人のような目はなくても皮膚で光を感じることができる**んやで。**光の変化を感じると皮膚が尖ったり、硬さを変えたりもします**がな」

「なんで皮膚を尖らすん？」

「威嚇やね。トゲトゲやと怖いやろ？」

「でも、アルマータ姉さんのトゲはフニャフニャの見かけ倒しやんか」

「そこがええんよ。もし誰かにトゲが刺さってケガでもしたらあかんやん」

「アルマータ姉さん、優しいんやあ（ホレれてまうで……）。硬いトゲのあるウニとは全然ちゃうんやね」

ナマコの運動

ナマコ類は特殊なものを除いて、多くは不活発な底生生物です。すむ底質もいろいろで、岩場・海草やサンゴの枝の間や、砂や泥の上に横たわっていたり、砂泥地に埋まって生活していたりします。[4] ナマコ類の生活様式は大きく分けて、①海底の砂や泥の上にいる、②岩やサンゴの上にくっついている、③砂や泥に埋もれている、④浮遊している、に分けられます。[3] 腹面に吸盤のついた管足《かんそく》をもっている種類のナマコは、管足を足場にくっつけたり離したりしながらじりじりと移動したり、また筋肉と硬さの変わる皮膚（真皮）を用いて芋虫が這《は》うような蠕動《ぜんどう》運動をしたりして、海底を這いまわります。

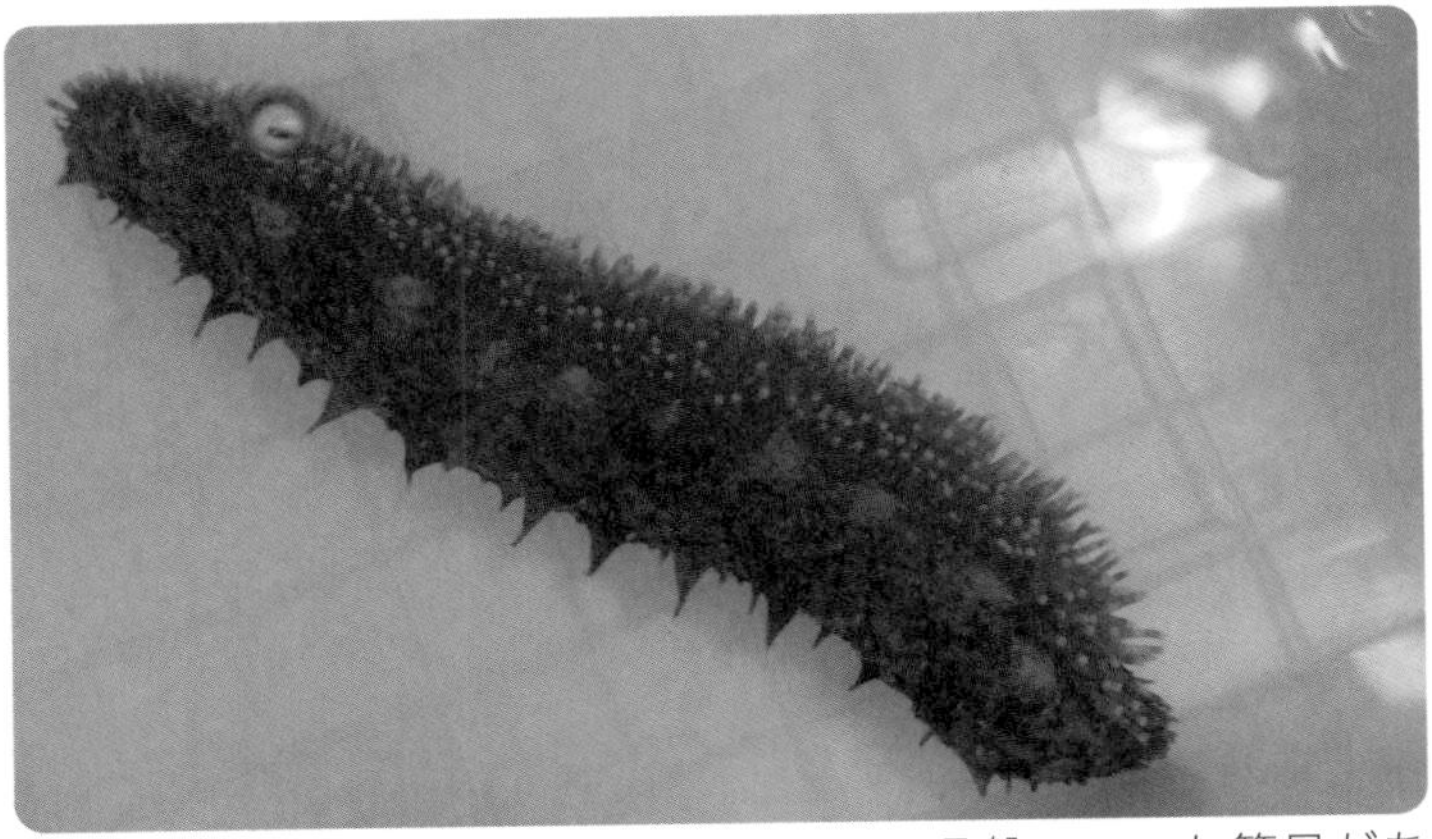

ナマコの腹面（写真右側）にはたくさんの吸盤のついた管足がある（管足がない種類もいる）

オニヒトデの腹面にある管足（ヒトデはナマコの親戚）。オレンジの吸盤がついている（亀田和成氏撮影）

それでは、ナマコは1日にいったいどれくらい運動するのでしょうか。魚屋さんで仕入れてきた元気なマナマコ（*Apostichopus armata* (Selenka, 1867)）1匹（133g）を用いて1日にどれくらいナマコが移動するか実験してみました。[10]

実験環境は25L水槽（縦37㎝、横24㎝、高さ22㎝）で、ホームセンターで売られているプラスチックケースです。ここに、海水（12・5L、約32‰）を入れ、エアポンプで酸素を供給します。ここでは水槽の底に砂は入れていません。実験期間中は部屋の温度は約19～26・5℃でした。なお、‰（パーミル）というのは塩分濃度の単位で、熱帯魚屋さんで売っている海水のもとをカルキ抜きした水で薄めて、海水の塩分濃度になるように調整しています。

まず、ビデオカメラによる24時間のナマコの行動の撮影（タイムプラス撮影5秒間毎）を行いました。次に、その映像をオリジナルのナマコの行動解析ソフト（Namako_V7）で分析しました。このソフトは、共同研究者である岡山大学の永井《ながい》伊作《いさく》先生にいろいろと条件を話してつくっていただいたもので、映像のナマコをパソコンの画面上でクリックするとナマコの面積重心（体の真ん中あたり）を自動で計算し、ナマコの動きを追尾してくれます。ソフトからはナマコの位置の座標と動いた距離を求められるようなデータを出力することができます。

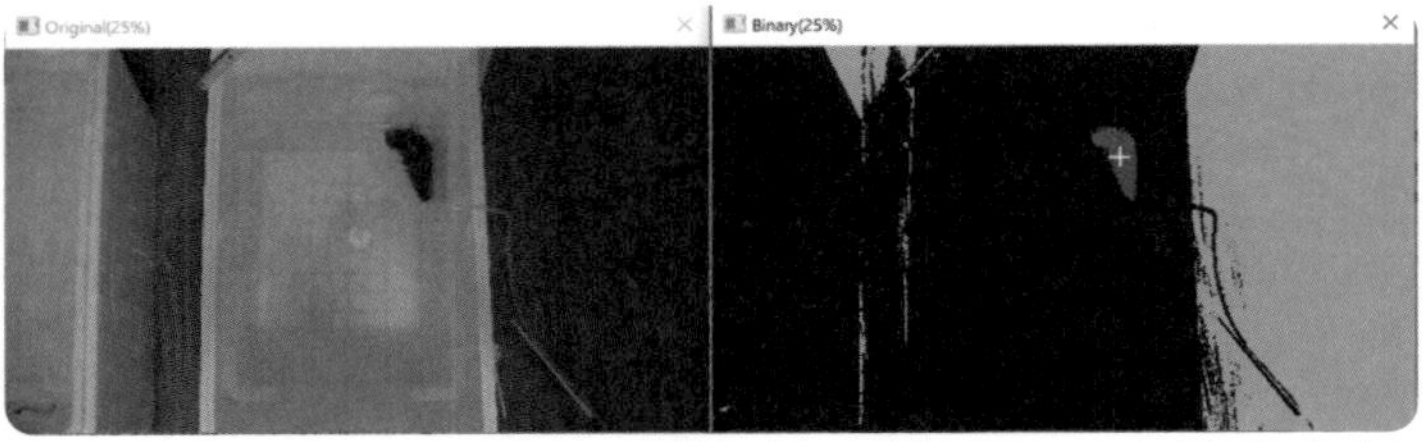

Namako_V7によるナマコの面積重心の捕捉状況。左側がビデオカメラ映像で、右上にナマコがいる。右側が左側の図をソフトで処理した図で、青色がナマコ、青色の中の＋がナマコの面積重心を示す

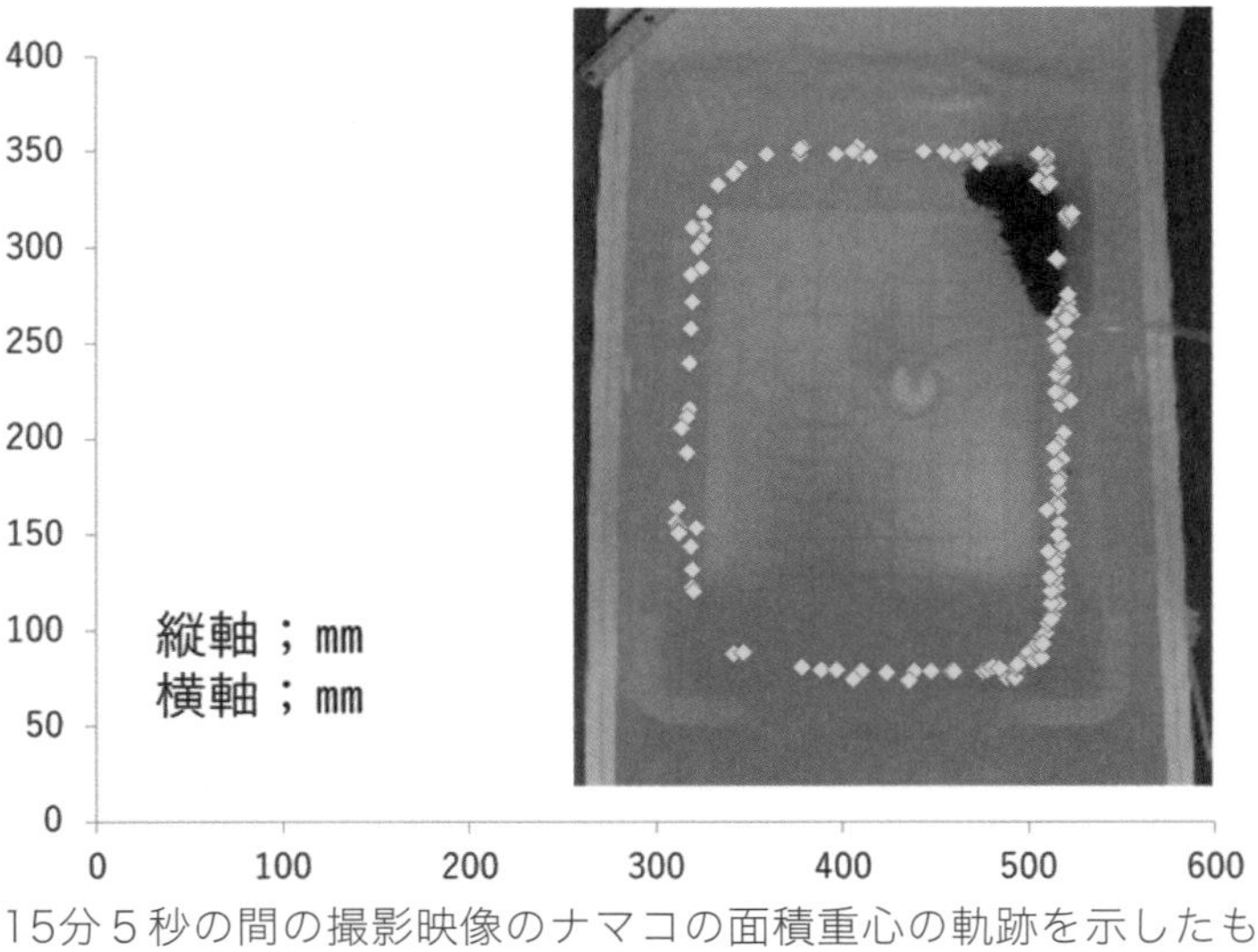

15分５秒の間の撮影映像のナマコの面積重心の軌跡を示したもの。黄色のひし形が５秒毎のナマコの面積重心の位置

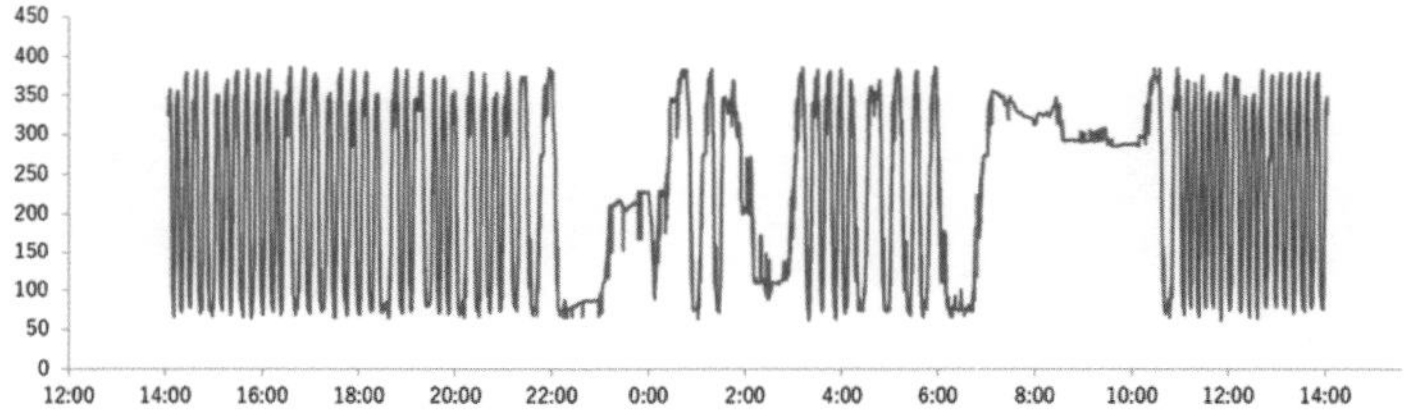

水槽の縦方向のみのナマコの面積重心の動きを示したもの。縦軸は移動距離（mm）、横軸は時間（24h）。グラフが上下に規則正しく波を打っている箇所が多いが、これはナマコがほぼ一方向に水槽をぐるぐる回っていることを示す

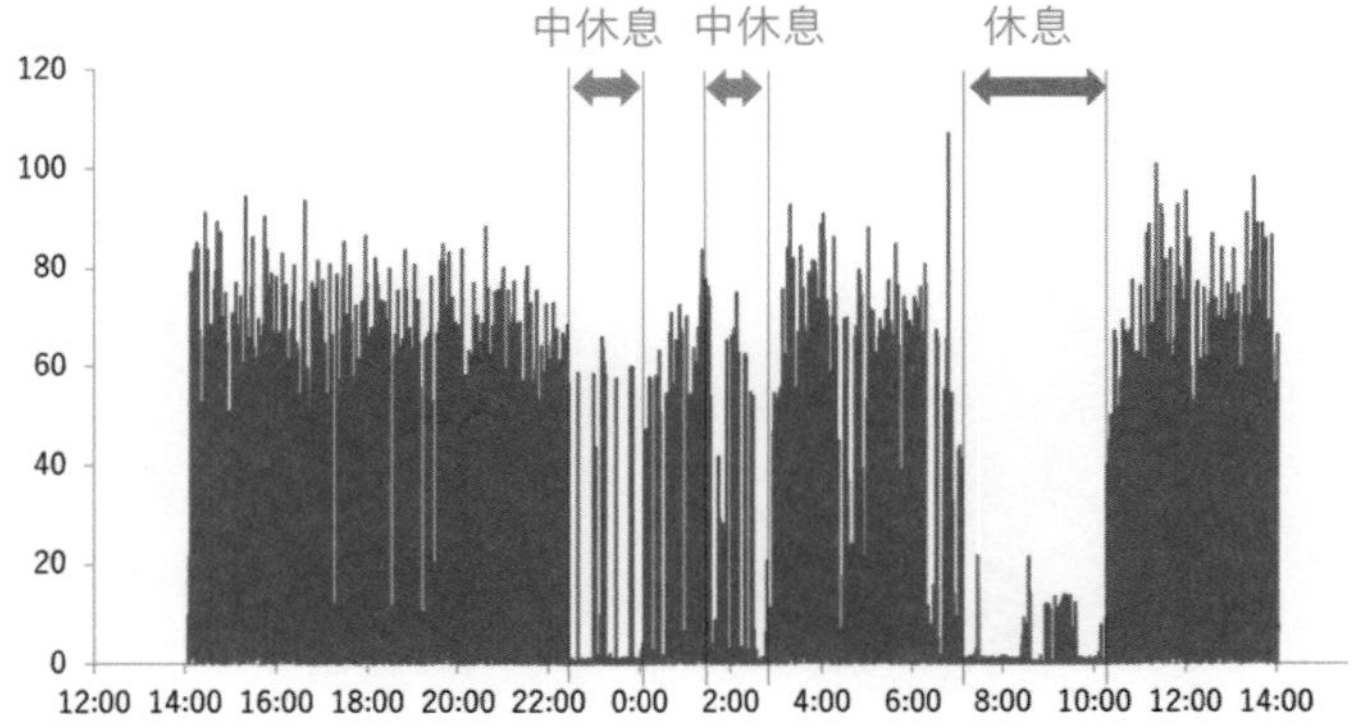

ナマコが５秒間にどれくらい移動したかを示したもの。ある１日の昼の２時から翌日の昼の２時までの24時間で計測。縦軸は移動距離（mm）、横軸は時間（24h）。５秒間に最大で約100mm＝10cm移動していることがわかる。つまりこの日のナマコの最高スピードは１秒間に２cm。１分間だと120cm＝1.2mとなる

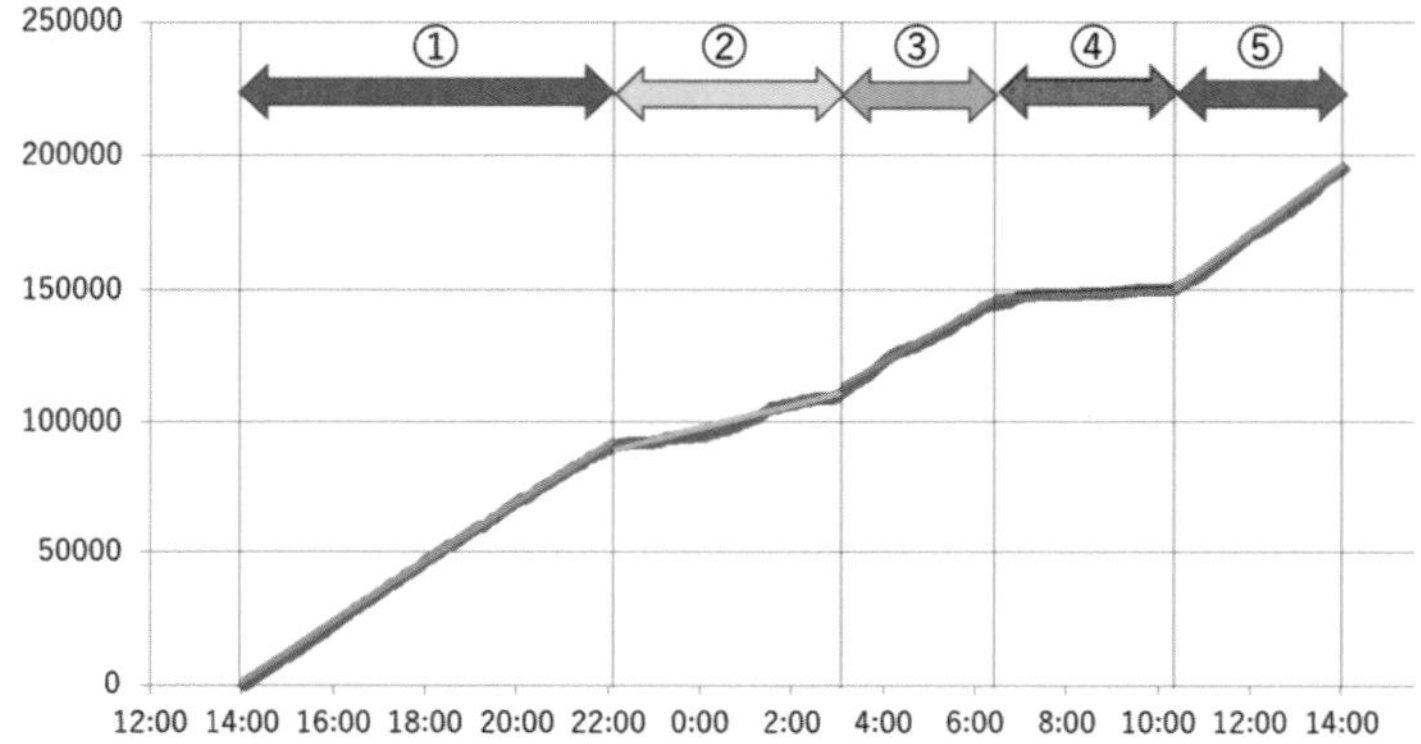

ナマコの面積重心の移動距離の５秒毎の累積値を示したもの。縦軸は移動距離（㎜）、横軸は時間（24h）。グラフの線の傾きが大きいところほどよく動いており、平坦なところは動いていないところとなる。活動レベルを高、中、低、休息で分けると、グラフの上側の両矢印で示すように、① 高：14時〜22時、② 低：22時〜３時、③ 中：３時〜６時20分、④ 休息：６時20分〜10時20分、⑤ 高：10時20分〜14時となる

結果としては、まず1日分の測定では、ナマコは水槽の壁面を一方向に蠕動運動により移動したこと、活動時間と休息時間があることが示されました。ナマコも人間と同じように活動するときと休息するときがあるようです。最高速度は１秒間に約２㎝で、１日に移動したナマコの面積重心は約２００，０００㎜＝２００ｍでした。面積重心の移動距離はナマコが進まずにお尻を振っても少し加算されるので、ナマコの歩いた距離というよりはナマコの動きの量を示します。

ほかの研究者によるマナマ

コを10匹用いて行った研究では、砂を敷いた水槽中では１日に直線距離で１０８・３〜１７０・４ｍ、平均１４０・１ｍ移動し、１時間あたりの匍匐《ほふく》距離は４５１・２〜７０９・９cmで、平均５８３・７cmであったそうです。[7] １秒あたり約０・16cm＝１・６mmのスピードです。ちなみに世界陸上競技で１００ｍを10秒前後で走る選手は１秒あたり約10ｍのスピードです。

また、別の種類のクロナマコを用いた研究では、１昼夜の徘徊《はいかい》範囲を調べると、海底に有機物が多く食べ物が豊富な場所では５ｍ以内、食べ物がそれほど豊富でない場所では15ｍ内外、食べ物が乏しい場所では最大で50ｍ内外の移動が観測されたとのことです。[7、11] ナマコはあまり動かない生物とされていますが、餌が豊富な環境ではあまり動かないけれども、餌が乏しい環境では、餌が豊富な環境を目指して歩きまわるようです。

ナマコ、５億年の歴史

「ウニは親戚やで、ほかにヒトデもクモヒトデも、ウミユリもウミシダも親戚や。まとめて棘皮《きょくひ》動物といいますねん。だいたい**５億年の歴史がある**んやで！　ちなみにヒトはだいたい７００万年ぽっちやで、ヒトと比べたら70倍以上の歴史やで。最初はウミユリ、次にヒトデ、クモヒトデ、次にウニ、ナマコができたと推測する人もおるんや」

「ウニやヒトデ、ウミユリとご親戚ですか～5億年前からいてはったんですか～、地球に暮らす生き物の大先輩やんか～。

でもヒトデやクモヒトデ、ウニもウミユリもアルマータ姉さんとは形が全然ちがうやんか。ほんまに親戚なん？」

「腕5本のヒトデと比べるのがわかりやすいんや。ヒトデを裏返して5本の腕の先をくっつけるように折り曲げてラグビーボールをつくったとしますやろ。ヒトデの星形の裏面の真ん中に口が、背中の真ん中に肛門があるさかい、ラグビーボールの尖ったほうがそれぞれ口とお尻になる。ラグビーボールを横に置いたのがナマコ、とがったほうの口側を下に向けて丸くして、ジグゾーパズルのように分割された骨の鎧《よろい》で覆ったのがウニ。ヒトデのご先祖とされているのがウミユリで、これはヒトデの背中に柄《え》をつけてさかさまにして海底に柄を立てたような形になりますがな。手が海底から生えてる感じやな。ウミユリは海中に漂うプランクトンなどの有機物を触手でとらえて食べるんや。ウミシダはウミユリの柄を短くしてその先に複数の足をつけた感じで、背が低いウミユリの移動のできるバージョンやで。

それと、ヒトデは体の真ん中からそれぞれの腕に長い筋肉が走ってまんねん。わての体の中にも**ペラペラのきしめんのような5本の長い筋肉が、頭からお尻まで内臓が入った空洞を裏打ちしてまんねん。**あと**吸盤のついた管足《かんそく》**も、ヒトデとウニにもありまんがな。管足のないナマコもいてますけどな。**管足の生えているところは歩帯《ほたい》といってお腹の面で3本、背中に2本あってその上に足や疣足《いぼあし》という大きな突起があるん**や。触手もだいたい5の倍数やで」

「へえ〜、海岸で見かけるウニの殻は骨やったんやなあ。ヒトデとナマコには骨があるん？」

「ヒトデの腕は小さな骨が網目のように組み合わさってできているんや。骨片《こっぺん》同士の間が少し開いているからつなぎ目のある鎧を着ているような感じで体が曲げられるんや。ウニは骨片同士がくっついているから、まさにシェルターやね。曲げられへん。**ナマコの場合は、顕微鏡で見なわからんような小さな骨片が皮膚に散在しよる**から、ふにゃふにゃな動きも自由自在やね」

いろいろなナマコの骨片[12、13](代表的なものを抽出)

ニセ クロナマコ	クロナマコ	マナマコ	代表的な 骨片	
		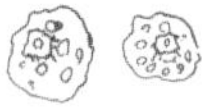		テーブル型
				ボタン型
				粒型
	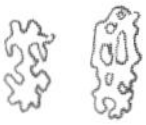		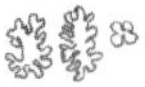	ロゼット型
			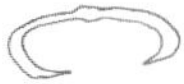	C型
		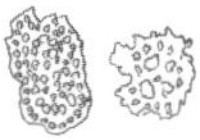		板型
				棒型
				錨型

オオイカリナマコ	バイカナマコ	ハネジナマコ	アカミシキリ	シカクナマコ
		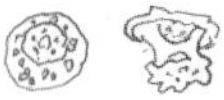		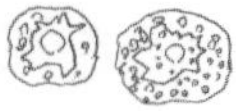

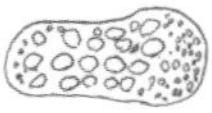				
			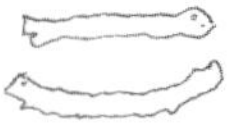	

ナマコの仲間（棘皮動物）。左から、
ムラサキウニ（*Heliocidaris crassispina*（A. Agassiz, 1863））、
マナマコ（*Apostichopus armata*（Selenka, 1867））、
イトマキヒトデ（*Patiria pectinifera*（Muller & Troschel, 1842））、
マヒトデ（*Asterias amurensis* Lütken, 1871）

似ていないけど、みんな仲間　棘皮動物

ナマコがいつ地球上に現れたかは遺伝子構造を分析して示すのは難しく、化石の記録で調べるようです。ナマコの起源はいまから約5億4000万年前のカンブリア紀にあるとの報告があります。

ナマコは棘皮動物として分類されていますが、約4億5000万年前のオルドビス紀のものとしてウニやヒトデ、ウミユリ、クモヒトデなど非常に多くの棘皮動物の仲間が

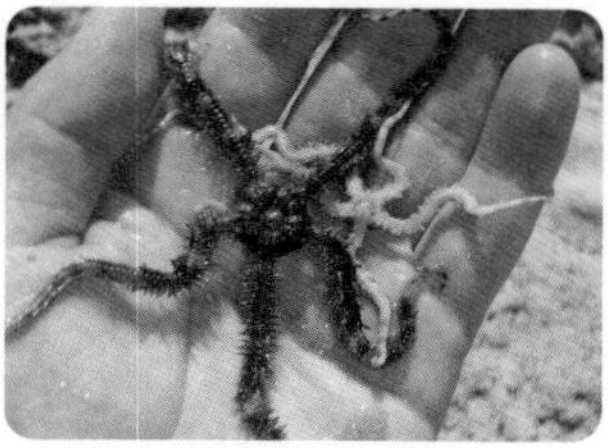
ウデフリクモヒトデ（*Ophiocoma scolopendrina*（Lamarck, 1816））

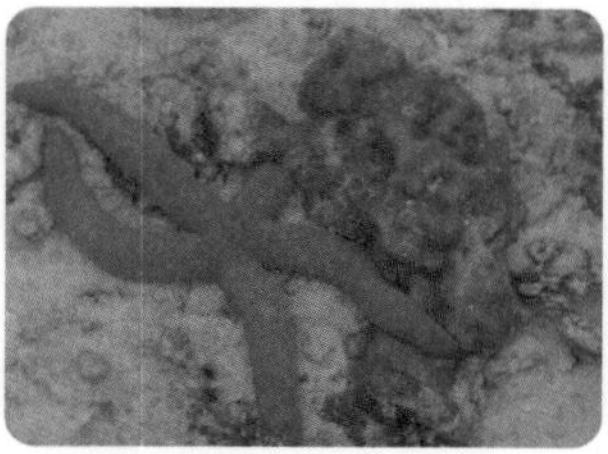
アオヒトデ（*Linckia laevigata*（Linnaeus, 1758））

ウミユリ綱のリュウキュウウミシダ（*Oxycomanthus bennettwi*（Müller,1841））（亀田和成氏撮影）

化石で発見されています。ナマコの化石は骨片であることが多く、いちばん古いものは約４億５０００万年前のオルドビス紀のものとの記載があります。[1、14、15] 近年では少し古い記録も見つかりつつあるようです。

ナマコ綱《こう》（Holothuroidea）で古生物学データベースを調べてみると、[16] 古生代では、[17] ペルム紀（約２億９８９０万～約２億５１９０万年前）、石炭紀（約３億５８９０万～約２億９８９０万年前）、デボン紀（４億１９２０万～約３億５８９０万年前）、シルル紀（約４億４３８０万年前～約４億１９２０万年前）、オルドビス紀（約４億８５４０万年前～約４億４３８０万年前）の記録が複数あり、カンブリア紀（約５億３８００万～約

4億8540万年）の記録（約5億1300万～約5億500万年前）もひとつあるようです。[18]

近くにいたカニたちはさみを振りながら歌いはじめました。

♪♪♪
5億年も前から　この地球の上で　深い海底から　浅い岸辺まで　ずっと　暮らしてきたナマコは　素晴らしい
5億年も前から　この地球の海で　砂泥《さでい》浮遊物の　低カロリー食で　ずっと　暮らしてきた　棘皮動物は　ウミユリ　ヒトデ　クモヒトデ　ウニ　ナマコがいるよ
♪♪♪

海の生き物の小さなクッキーとマリンスノー

「ところで、話もとに戻すけど、あとは息だけでええん？」

「手は絶えず動かしなはれや。そやないと砂や泥も食べられまへんさかい」

「息して、手動かすだけで、ええん？」

「体と足もときどき動かしなはれや。砂や泥の表面がとくにおいしいさかい、少し動かなあかんねん」

「砂や泥の表面には何があるん？」

「表面には新鮮な〝**マリンスノー**〟が積もってるんで。**マリンスノーには動物や植物プランクトンなど小さな生物の死骸やフン、粘液などのさまざまな有機物が含まれとる**んや。わてらは海の底で待っとったら、食べ物が上からどんどん降ってくるんや」

「へえ～マリンスノーなんていい響きやなあ、なんかおいしそうやなあ」

「それに光が届くところでは、砂や泥の表面に顕微鏡で見なわからんような小さな小さなケイソウなどのさまざまな藻《も》が生えとるんや。微細藻類《びさいそう》いうてな、海の底にも海中にも漂ってんねん。微細藻類は光合成ができて、光のエネルギーを利用して有機物をつくるんや。いろんな形のクッキーみたいやで。生まれたてのいろんな生き物のあかちゃんの食べもんでもあるんや」

「へえ〜そんな食べ物が海底にはあるん」

「地上にも植物があるやろ。植物は光エネルギーと二酸化炭素と水を利用して光合成して酸素と有機物をつくるやろ。それを動物が食べて、その動物をさらに大きな動物が食べて生きてるんや。植物も微細藻類もわてら動物みんなの命を支えてるんやで」

ナマコの消化管で見つかった微細藻類

ナマコは海底の泥や砂を触手で口に運んで食べますが、実際にナマコが口に取り入れたものを調べてみました。

まず、ナマコの消化管の内容物を取り出して、微細藻類を培養する栄養剤を加えて培養してみました。するとケイソウの仲間が増えているのが観察されました。どうやらナマコは、砂の上に生えている微細藻類なども食べているようです。

次に、電子顕微鏡を用いて実際のナマコの消化管の内容物を見てみます。電子顕微鏡

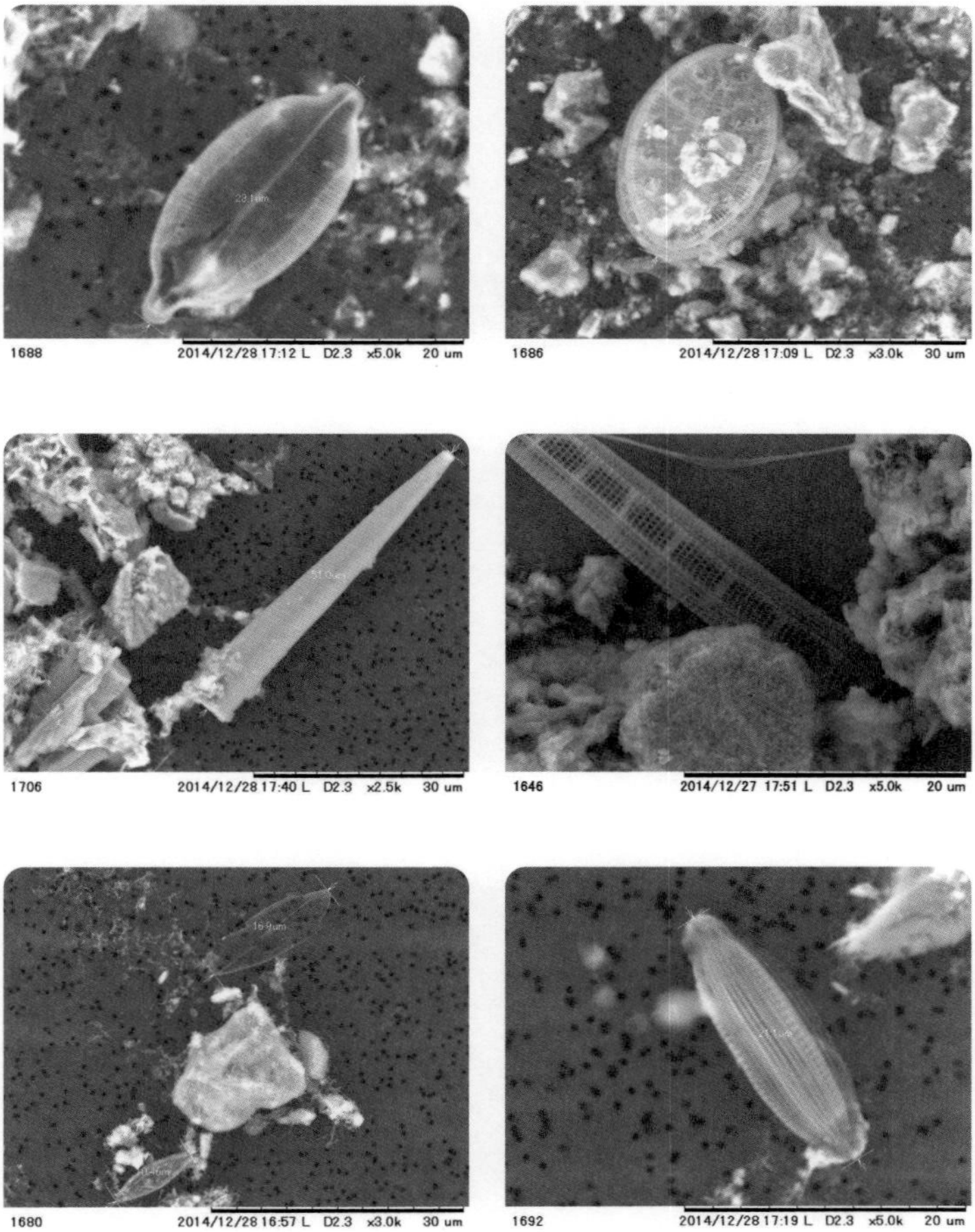

ジャノメナマコの消化管内容物の電子顕微鏡（低真空SEM）写真。サンゴのかけらやさまざまなケイソウの仲間が観察された（稲賀すみれ氏撮影）

（低真空SEM）の撮影では、鳥取大学医学部解剖学教室の稲賀《いなが》すみれ先生に協力していただきました。ここでは、ジャノメナマコの消化管の中から得られた内容物の一部の電子顕微鏡写真を示します。

おだやかなものにも毒がある

意地の悪いチョウチョウウオ（*Chaetodon auripes* Jordan and Snyder, 1901）とオニベラ（*Stethojulis trilineata* (Bloch and Schneider, 1801)）がやってきて、姉さんにちょっかいを出しはじめた。姉さんをつっついては離れ、つっついては離れて、アルマータ姉さんをいじめています。

「や〜い、や〜い、のろまのナマコさん、こっちまでおいで」

「やめろよ！　やめろよ！」

ぼっちゃんは、チョウチョウウオとオニベラが姉さんをつっつくのをやめさせようと、必死でチョウチョウウオとオニベラに向かって海底の泥を投げつけます。しかし、チョウチョウウオとオニベラの動きは速く、とても歯が立ちません。ぼっちゃんまでつっつかれはじめました。

姉さんは、ぼっちゃんを包みこむように丸くなり、触手をしまって体の皮膚を硬くし、防御態勢になってただひたすら耐えています。

「姉さん、すまんな、僕弱いさかい、姉さん守ってあげられへんで」

ぼっちゃんは泣き顔になっています。

姉さんの体はさらに硬くなって鎧《よろい》のようになっていきます。

「アルマータ姉さんの体がどんどん硬くなっていってるで、大丈夫なんか？」

「ぼっちゃん、わての皮膚はぼっちゃんの皮膚とちごうて、**硬さを自由に変えられる特別な〝キャッチ結合組織〟**でできとんのや。ぼっちゃんは筋肉を縮めて力こぶをつくるやろ。わての体には大きな筋肉といってもきしめんのようなペラペラな5本の筋肉が頭からお尻に向かって内臓が入っていた空間を裏打ちしとるだけで筋肉は少ししかあらへん。そのかわりに**分厚い硬さの変えられる真皮があるんや。筋肉よりも省エネで大きな力が発揮できる**んやで。せやから長い時間皮膚を収縮させて硬くしても疲れへんのんや」

「ほんま、疲れへんの、でもただ耐えてるだけやで」

チョウチョウウオとオニベラは、ただ耐えているだけの姉さんをいい気になってさらに仲間を呼んでつっつきはじめた。

「姉さん、敵が増えたで、これじゃあ、やられっぱなしや！　僕飛び出て戦うで！」

「ぼっちゃん、無理や、いまのぼっちゃんでは歯が立たんわ、やめときなはれ」

「ほな、どないするん姉さん、誰も助けてくれへんし」

「ぼっちゃん。あわてすぎやで、ちょっと目を閉じておくれやす」

突然、姉さんは何やら奇妙な歌を歌いはじめた。

♪♪♪
ほ〜　ほ〜　ほ〜　ほ〜　ナマコの中には
ホロスリン　サポニンの仲間の　ホロスリン
魚はいちころ　ホロスリン
水虫　治せる　ホロスリン
ほ〜　ほ〜　ほ〜　ほ〜
ホロスリン
魚の毒は　ヒトには薬
いろんな病気を　治せるかな
ほ〜　ほ〜　ほ〜　ほ〜

ホーロースーリーンー

♪♪♪


「姉さん、この状態で何のんきに歌ってはるんや」

「ぼっちゃん、目を閉じておきなはれや。目を開けたらあかんで」

しばらくすると、魚たちの叫び声があたりに響きはじめました。

「ぎえ〜苦しい！ 苦しい！ このままやと死んでしまうで！ 息ができへん。逃げるんや〜！」

しばらく時が過ぎました。

「さあ、ぼっちゃん、目を開けてもええで」

「姉さん、あの意地悪な魚たちはどこへ行ったん？」

「あっちへ逃げていったわ」

「姉さんがやっつけたんかいな。どうやってやっつけたんや」

「美しいもんには毒があるもんやで。姉さんには毒があるんや」

「え！ 姉さんは毒をもっとるんかいな。僕は大丈夫なん？」

「**魚にとくに効く毒やで。ホロスリン**いいますねん。サポニンの一種ですがな。**魚のエラ**

などの粘膜に効いて毒性を発揮しますのやで。魚毒いうて、潮だまりにわてらの体の汁を投げこむと潮だまりの魚がみんな浮いてしまうほど強い毒やで。昔の漁師はわてらのこの性質を利用して魚をとることもあったんや。

人間には毒というよりむしろ薬として効果が有名やで。水虫の治療薬にもなってるんや。最近では試験管レベルの研究なんやけど、がんなどの難しい病気にも効果があるなんていわれているんやで。けど、昔、オーストラリアのナマコを食べた人が死んだということも聞きよるから、強い毒をもったナマコもおるみたいや」

ナマコの毒と薬効

ナマコとサポニン

多くのナマコには、サポニン（saponin）という起泡性《きほうせい》（石鹸《せっけん》のように泡立つ）のある物質が含まれます。ラテン語の石鹸を意味するsapoにちなんで命名されたそうです[3、69]。石鹸と同じように界面活性《かいめんかっせい》作用があります。

石鹸で油汚れが落ちるのは、石鹸の成分を構成する「疎水基《そすいき》」と「親水基《しんすいき》」がそれぞれ油側と水側にくっつき、油を親水基が取り囲んだ状態で水に溶かすからです。疎水基と親水基を同時にもつことで、水と油とを仲介してくれる物質を「界面活性剤」といいます。実際にアイヌの婦人がナマコの煮汁を、髪を洗うのに用いたという記載もあります。[3]

サポニンは化学的には配糖体で、糖とステロイドまたはトリテルペノイドがグルコシド結合した一群の化合物で、複数の種類があり、生物種や生物の部位によりさまざまな種類のサポニンが報告されています。非糖部のステロイドまたはトリテルペノイドをアグリコン（またはサポゲニン）と呼びます。サポニンは同一分子内に親水基（水と親和性が高い糖の部分）と疎水基（油と親和性が高いアグリコンの部分）をもちます。

サポニンは植物界に広く分布する成分ですが、動物界では棘皮《きょくひ》動物のナマコとヒトデに限られるとされてきました。[19] しかし海綿《かいめん》や、ある種の昆虫にも見つかっています。[3、20、21] サポニンに結合した糖を除いた部分はアグリコン（またはサポゲニン）といいましたが、ナマコのアグリコンはトリテルペノイドで、ヒトデの場合はステロイドという特徴があります。[19]

ナマコのサポニンの毒性についての記載は、１８８０年にクーパー博士がある種のナマコのキュビエ器官（刺激されたナマコが防衛のためにお尻から出す内臓の一部で、見た目はそうめんのようで粘着性がある↓１２７ページ）に触れると痛みをともなう炎症が起こることを報告したのが最初とされています。また、オーストラリア産のナマコを食べたことによる死亡例などの記録もありますが[19]詳細は不明です。

比較的最近の２００９年にはフィリピンでナマコを食べた人が死亡した例が報告されています。[22]食用として安全性が確認されたナマコを食べるようにしましょう。

魚を死に至らしめる猛毒

ナマコのサポニンは、じつは魚にとっては猛毒で、同じ水槽にナマコと魚を入れておくとあっという間に魚が死んでしまうことがたびたび起こります。以前、研究室の水槽部屋に置いてあったクマノミの水槽にバイカナマコを入れたら、クマノミがみんな死んでしまい気まずい思いをしたことがあります。

動物界でサポニンの存在がはじめて示されたのは、１９５５年の山内年彦《やまのうちとしひこ》博士によるニセクロナマコからのホロスリンの発見でした。[3,19]山内博士はニセクロナマコから毒を分離してホロスリン（holothurin）と命名し、サポニンの一種であることを示し、調べたナマコ27種のうち24種に魚毒性を、22種に溶血性を認めています。このナマコの毒性に関する研究は、１９４０年代に若き山内博士がニセクロナマコの体液抽出物をギンポなどの小魚が入った水槽に入れたところ、魚が2～3分で死亡することを観察したところから始まったそうです。[3]

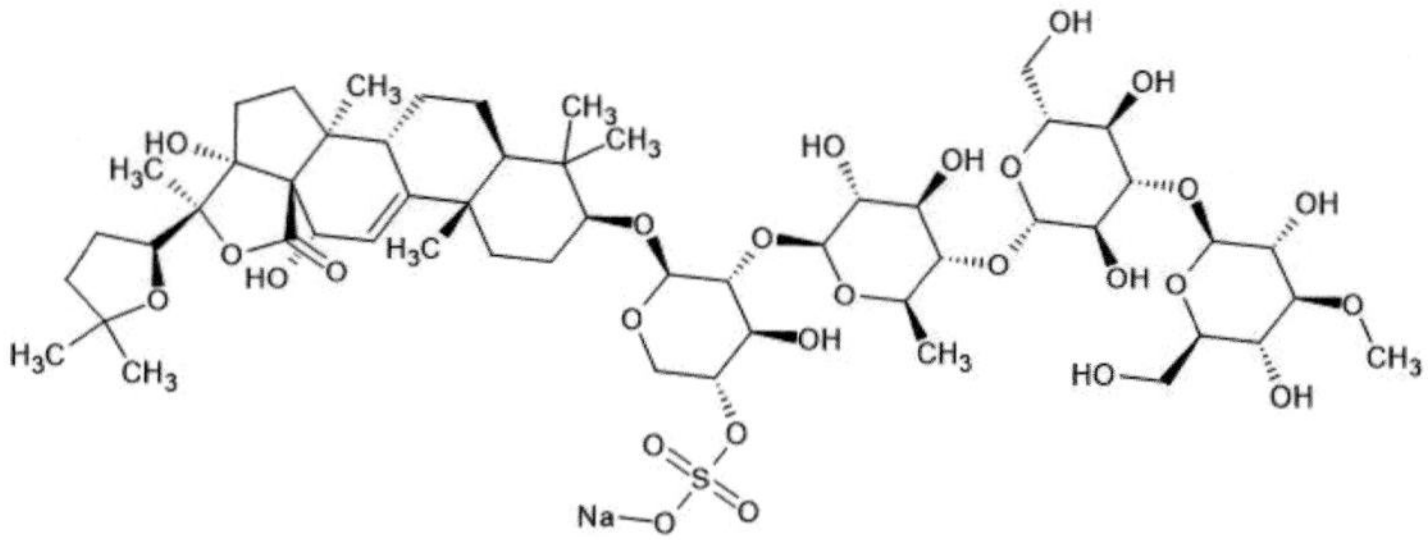

ホロスリンA(Holothurin A)

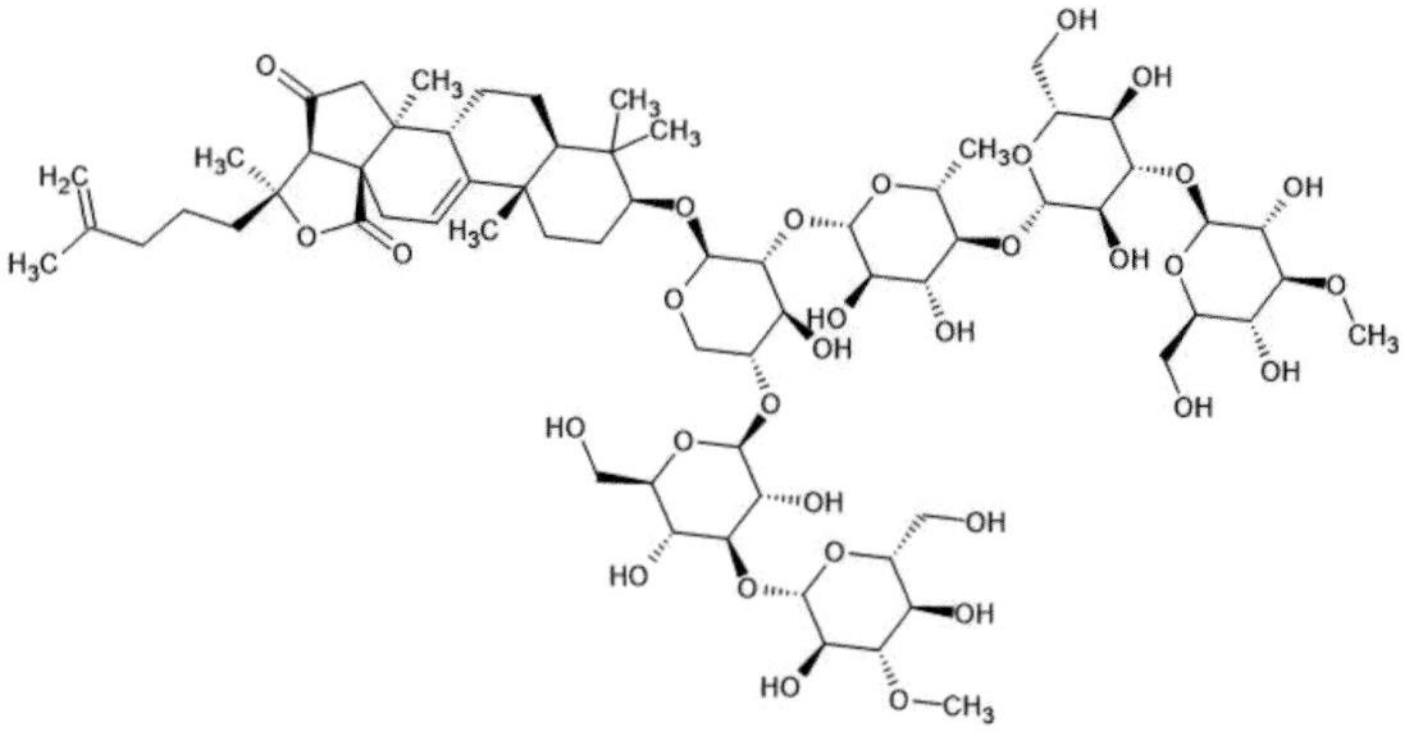

ホロトキシンA(Holotoxin A)

※実際のマナマコに含まれるサポニンのおもな成分はホロトキシンである。57ページの最終行のホロスリンは歌の都合上、魚毒として有名なホロスリンと記載している。

ナマコのサポニンはナマコの種類や部位によりホロトキシン、ホロスリンなどさまざまなものが報告されています。ナマコの部位によってもサポニンの量は異なり、キュビエ器官にはサポニンの濃度が高いとの報告があります。[23] 最近では、質量分析法によりさまざまなサポニンの探索が可能となり、多くのサポニンが見つかっています。

ナマコサポニンの各種生物に対する作用は、原生生物～脊椎《せきつい》動物、植物までさまざまな生物種で調べられています。０・００１ｐｐｍ～１０００ｐｐｍまで生物種により効果（成長阻害、致死等）はさまざまですが、魚類では１～１００ｐｐｍ（≒１～１００㎎／Ｌ）の濃度で致死となり、哺乳類ではマウスでの半数致死量ＬＤ５０（静注、㎎／㎏）は９㎎、最小致死量ＭＬＤ（腹腔、㎎／㎏）は10㎎との報告があります。[24]

このように、ナマコのサポニンは微量でも魚の種類にとっては猛毒となり要注意です。実際、私もその威力を目の当たりにしたことがあります。

石垣島離島の黒島にある、日本ウミガメ協議会付属の黒島研究所で、海藻とナマコなど海の生き物を組み合わせて生物がたがいに助け合って繁栄できる生態系をつくり、それぞれの生物を陸上で飼育できるシステムの研究をしていたときのことです。[6]

この実験では、１０００Ｌの大きな水槽に地下海水を24時間かけ流して、海藻と魚（フエフキダイの仲間）とナマコ（バイカナマコ、イシナマコ）、タカセガイをセットにして陸上でそれぞれの生物を飼育できるか実験していました。フエフキダイの仲間（イソフエフキ）[25]の子どもは海藻の間を泳ぎまわり、海藻に繁殖するヨコエビや寄生虫のような虫をせっせと食べて海藻の世話をし、ナマコは水槽の底にたまるごみを食べて水槽の底をきれいに掃除していました。タカセガイはおもに水槽の壁面の汚れ（バクテリアや藻《も》）の掃除を担当します。

フエフキダイ、ナマコ、タカセガイは動物なので窒素化合物のアンモニア（人間の場合は尿素）を排出しますが、アンモニアが水槽にたまりすぎると動物は死んでしまいます。海藻は光を浴びて二酸化炭素と水を取りこみ、炭水化物と酸素をつくり出す光合成をします。またアンモニアを栄養として吸収するので、水の中のアンモニアを取り除きます。

いつも新鮮な地下海水がかけ流されている１０００Ｌの水槽で魚、ナマコ、貝、海藻は仲よく暮らしていましたが、あるときバイカナマコの体重測定をしたときでした。海藻の面倒を見ていたイソフエフキの子どもが水面近くに出てきて人懐っこそうにしているかと思うと、急に調子が悪くなり、あっという間に死んでしまったのです。

その前にバイカナマコを体重測定するためにつかみあげたのですが、それがストレスになったのか、バイカナマコがサポニンを皮膚から水槽内へ放出していたのです。イソフエフキの子どもが水面近くで苦しみを訴えていることにあとから気がつき、新鮮な海水に入

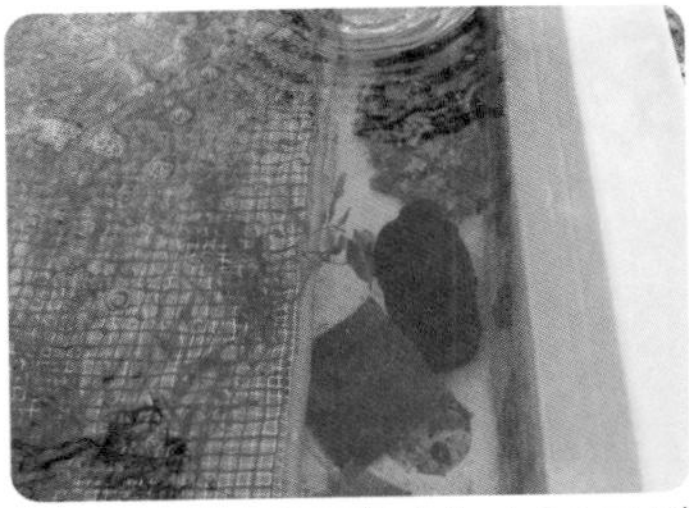

イシナマコとバイカナマコが枯れた藻類などをサンゴ砂とともに食べる

屋外に設置された実験用水槽。新鮮な25℃の地下海水かけ流しが可能で、雨による塩分濃度の低下を防ぐために光を透過させる屋根がついている

水槽についた藻やバクテリアを食べて掃除するタカセ貝

水槽の底にたまった有機物を処理し掃除するイシナマコ

バイカナマコの毒にやられ、助けを求めていたイソフエフキの子ども。この数分後に死亡した。

海藻をかじるヨコエビ対策として、イソフエフキの子どもが海藻をパトロールする

れましたが手遅れでした。

このように海水がかけ流されている1000Lの大きな水槽でも、1匹のバイカナマコのサポニンは強烈で、魚には猛毒として働きます。水槽に入れるのをイシナマコだけにしておけばよかったと、いまは思います。魚とナマコをいっしょに飼うときは、そのナマコがどのような種類のサポニンをどれくらいもっているか、また魚のサポニンへの耐性も十分調べることが重要です。

薬としてのサポニン

一方でナマコサポニンには毒性だけではなく、抗腫瘍《こうしゅよう》性、抗菌性、白血球の食作用活性の増進、タンパク質、DNAおよびRNAの合成阻害などの効果も認められているとのことです。[24]

そもそもサポニンは、朝鮮人参《にんじん》に含まれ、古くから薬として用いられてきました。朝鮮人参の経口《けいこう》摂取（口からとること）は、環境ストレスへの抵抗性を高めるため、また、心身の健康を改善するための全身強壮剤としてよいとされています。朝鮮人参には多数の成分が含まれており、もっとも重要とされているのはサポニンの仲間で、ジンセノシド（パナキソシド）とよばれる成分です。[26] サポニンはたんを切る効果があり、風邪薬、心不全、リュウマチの治療薬としても用いられてきました。[19]

さて、ナマコのサポニンの効果はどうでしょうか。ナマコは、『日本内科全書』第2巻（1915年）の民間薬の項目で、しもやけなどに外用するとの記載もあるとのことです。[27] ナマコの種類によりサポニンの種類もさまざまなものがあります。[23、27] オオイカリナマコやイシナマコはサポニンを産生しない一方で、クロテナマコのように1匹のナマコから抗菌活性を示すサポニンを多く得られるものもあるそうです。ホロトキシン（Holotoxin）AやBは水虫の起因菌に対し顕著な成育阻止活性を示すことがわかっています。[27] 実際に、水虫薬（第2類医薬品）として「ホロスリン」という薬がありますが、これはナマコのサポニン（ホロトキシンがおもな成分）を原料としています。[28]

国内では、口腔《こうくう》カンジダ症を対象とした臨床試験も試みられています。[29、30] カンジダ（Candida）属真菌は消化管、粘膜、皮膚（とくに陰部・口周辺や間擦《かんさつ》部）にしばしば常在する真菌で、これによって引き起こされる代表的な感染症が皮膚カンジダ症と口腔・外陰部の粘膜カンジダ症です。皮膚カンジダ症は、有効な抗真菌薬を連日1～2回外用することでおよそ2週間以内に治癒するとガイドラインには記載があります。[31] ナマコのサポニンは抗真菌効果が期待されるのです。

また、インドネシアの伝統的な糖尿病足病性潰瘍管理法の感染制御と治癒効果に関して観察研究がなされ、ナマコ抽出物を含むゲルによる糖尿病足病性潰瘍の感染管理、治療への効果が示されています。[32]

マナマコは生で食べますが、マナマコのサポニンは人には強くないようです。南方系のナマコを含むナマコ類の多くは、煮て干した（干すだけの場合もある）イリコ（海参）として中華料理や皮膚病などの民間治療薬としても用いられています。前述の山内博士は、イリコ（海参）は製造過程でサポニンが除去されていて、中毒を起こすことはないと結論づけています。[19]

しかし、実際にイリコ（海参）を分析するとサポニン成分が残っています。料理の過程で水に入れて戻したりするなかで、さらにサポニンの量が少なくなり、毒よりは薬効がある程度残された形で食されてきたといえます。日本でも昔からナマコは妊婦には禁忌とされてきました。これは血が固まりにくくなる効果があるためのようですが、詳細は不明です。外用薬は安全とされています。[48]私の祖父が「毒は薬、薬は毒」ということをよく言っていましたが、毒と薬は表裏一体。さじ加減により、毒にも薬にもなるところがナマコにもあります。

アルマータ姉さん、まっぷたつ

さっき追い払ったはずの意地の悪い魚が、大きなイタチザメ（*Galeocerdo cuvier*（Péron & Lesueur, 1822））：軟骨魚綱《なんこつぎょこう》、メジロザメ目、メジロザメ科）を連れて、仕返しをするために戻ってきました。

「何、ホロスリンの自慢してんねん。親分、こいつやで、さっきわてらをやったんは。仇《かたき》をとってえな」

「ぼっちゃん、大きなサメがやってきたで。これは太刀打ちできへんで。早うあそこの岩の割れ目の中に逃げなはれや。わてはあとで行くさかい。先に避難してなはれや」

アルマータ姉さんは、1匹で巨大なイタチザメの前に体の前半分を立てて立ちはだかりました。

「こんな小さなナマコ相手にこんな大きなイタチザメを連れてきはって、あんさんらよっぽど腰抜けやねえ。イタチザメはんは、わてを噛み切れるんかいな。そんな虫歯だらけの歯～で」

姉さんは、意地悪な魚たちとイタチザメを挑発して自分のほうへ注意を向けさせています。

「姉さん、こっちの岩の割れ目まで早う逃げてきなはれ、早う！」

「ぼっちゃん、わての足では逃げ切れまへんわ。けどわてはあきらめまへんえ」

アルマータ姉さんは大きくお尻で息を吸ったかと思うと、また奇妙な歌を歌いはじめました。

♪♪♪
ほ〜　ほ〜　ほ〜　ほ〜　ナマコの中には
ホロスリン　サポニンの仲間の　ホロスリン
魚はいちころ　ホロスリン
ほ〜　ほ〜　ほ〜　ほ〜
♪♪♪

魚たちはまた一目散に逃げだしました。ところがイタチザメは、そこに残っています。

「少々エラがしびれるわ、けど、わてにはそんなもん効かへんで！　やられる前にやったるわ！」

そう言うと、サメは姉さんをめがけて突進してきました。

「姉さん！　姉さん！　逃げておくれやす！」

ぼっちゃんは泣きながら叫びましたが、イタチザメは大きな口を開けてアルマータ姉さんをまっぷたつに嚙み切ってしまいました。

「あ～まず、あ～まず、ナマコまずいわ、えぐいわ。けど、ざまあみろ！　まっぷたつや、生意気なナマコの姉さんももう終わりやで」

サメは吐きそうになりながら立ち去っていきました。


ぼっちゃんは岩の割れ目から出てきました。姉さんは頭とお尻のまっぷたつになって、海底に無残にも横たわっていました。ぼっちゃんは悲しくて、悔しくて、泣きはじめました。

「わ～ん、わ～ん、姉さん、姉さん、こんな姿になってしもうて、僕がもっと強かったら、こんな目にあわんですんだのに。すまんな姉さん、助けてあげられへんで、すまんな、すまんなあ。僕が弱いさかいに、こんなことになってしもうて」

ぼっちゃんの涙は海の塩となり、また海の塩はぼっちゃんにあふれる涙を供給しつづけました。

しばらくすると、あら不思議！　**イタチザメに噛み切られた姉さんの体の傷口が徐々に閉じていく**ではありませんか。

突然、頭のほうのアルマータ姉さんがしゃべりはじめました。

「何をぶつぶつ言っとるん」

お尻のほうのアルマータ姉さんはまだ口ができていないので、お尻でしゃべりはじめました。

「何をぶつぶつ言っとるん」

「わあ～、びっくり仰天！　姉さんが生き返った！　でも、なんかすごいことになってはる。頭側アルマータ姉さんとお尻側アルマータ姉さんが同じこと言ってはるわ」

「そや、もとはひとつや、遺伝子はいっしょ。**頭とお尻でいまは見た目は少しちがうけど、クローンやで、分身やで**」

「え～分身しはったの！　頭側のアルマータ姉さん、お尻側のアルマータ姉さんはこれからどうなるん」

「しばらくするとお尻ができる」「しばらくすると頭ができる」

「そんでそれぞれ完全体復活やで～！　増えたで、めでたいわ。わてらの仲間はときどき自分でもまっぷたつになって増えまんねん」

「アルマータ姉さんは、脳の役目と皮膚の役目を一度にできる小さなアルマータさんがたくさん集まってできてるみたいやなあ。だから頭とお尻に切られても、小さなアルマータさんが手をつないで傷口をすぐに治して、頭とお尻になって動けるようになったんやな。完全生命体なんちゃうん」

ナマコの切断再生実験

シカクナマコの切断と傷口修復と再生

シカクナマコを頭とお尻のふたつに切ると、どのように傷口をふさぐか実験しました。切断して2分後には傷口の周辺の皮膚が動き、傷口を閉じはじめ、また体が収縮して少し移動しています。なんと3分後には、傷口付近の皮膚を自分で再度切断して、体の一部（薄いちくわのよう）を捨てました。切断された面が気に入らなかったのか、再切断したようです（再切断する場合としない場合があります。再切断することで傷口を清潔に保ち、

シカクナマコの切断実験

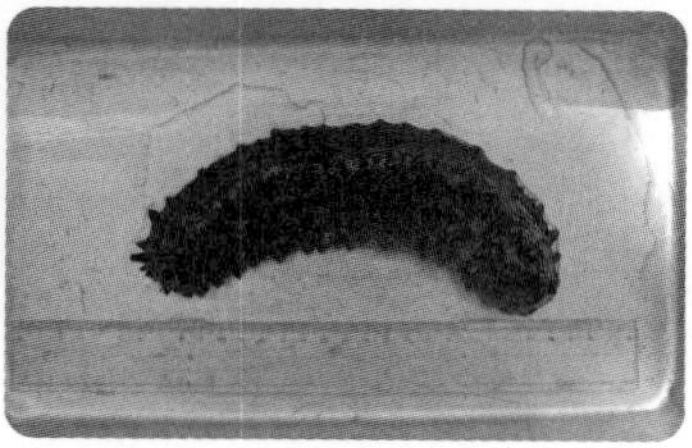

切断前のシカクナマコ（上から撮影）

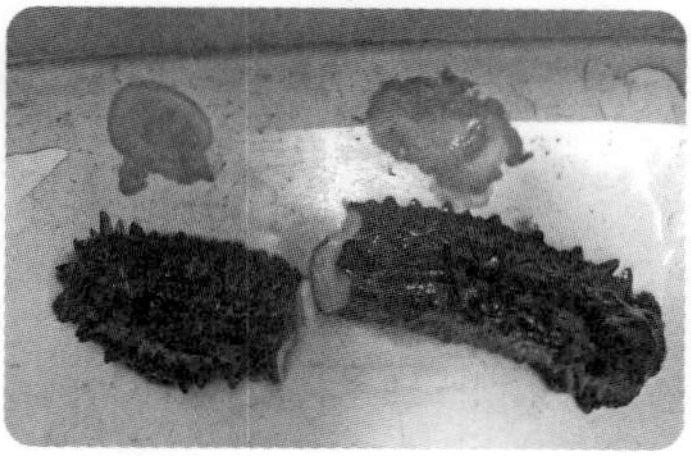

切断後１分（上から撮影）

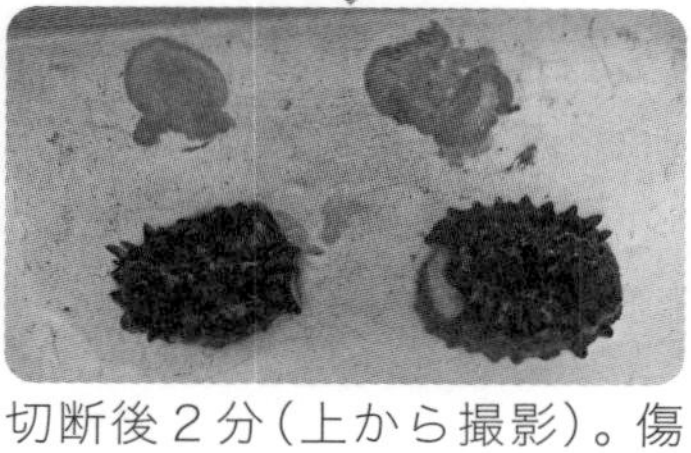

切断後２分（上から撮影）。傷口を閉じはじめた

切断後３分（横から撮影）。水槽に入れてようすを観察。右側のシカクナマコが傷口近くの体を、薄く切断している

切断後５分（横から撮影）。頭側とお尻側の両方が傷口付近の体を薄く再切断している

切断後14分（横から撮影）。再切断し終えた

切断後15分（横から撮影）。傷口は再切断後さらに閉じていく

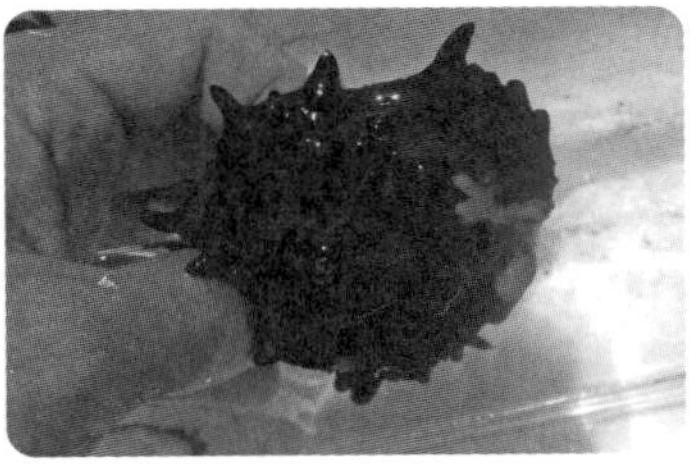

切断後24分。傷口はほぼ閉じた

切断後25分。
傷口が閉じられた、頭側とお尻側のナマコ。傷口にまだ白い真皮が見える。写真左にあるのはナマコ自らが再切断した薄いちくわのような輪状の体壁

再生しやすくなるのではと思われますが、切断したときのひずみにより、時間差で自切が誘導されている可能性もあります）。

5分後には頭側もお尻側も傷口付近の体の再切断が進んでいます。14分後には頭側もお尻側も傷口付近の体の再切断が完了し、薄いちくわのような体の一部がふたつ、捨てられています。切断後24分後には傷口はほぼ閉じられました。傷口が閉じはじめたときから、シカクナマコは少しずつ移動できていました。

マナマコの3つ切りと消化管再生の実験

3つに切ったマナマコが内臓を再生するようすを観察したものをご紹介しましょう。これは神戸市立須磨《すま》海浜水族園の当時職員であった佐名川《さながわ》洋之《ひろゆき》氏と共同で水族館のバックヤードの水槽で行った実験です。[33]

ナマコを頭（前部）、胴体（中部）、お尻（後部）の3つに切り分けると、それぞれの部分は傷口を閉じます。それぞれ水槽で飼育するとその後は再生するというので、確かめてみました。

前部では切断後、約1ヵ月で細い消化管が口から肛門まで形成されていました。消化管の管以外にも何かついているので取り出してくわしく顕微鏡で見てみると、肺の役目をす

マナマコの3つ切り実験

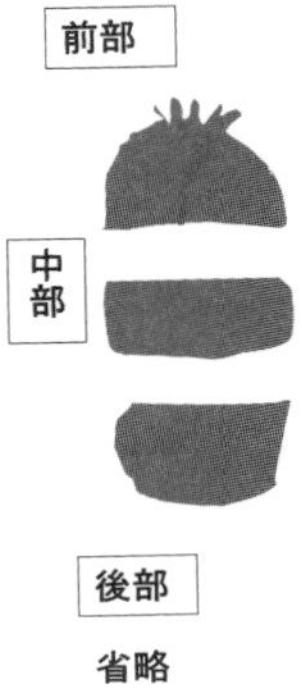

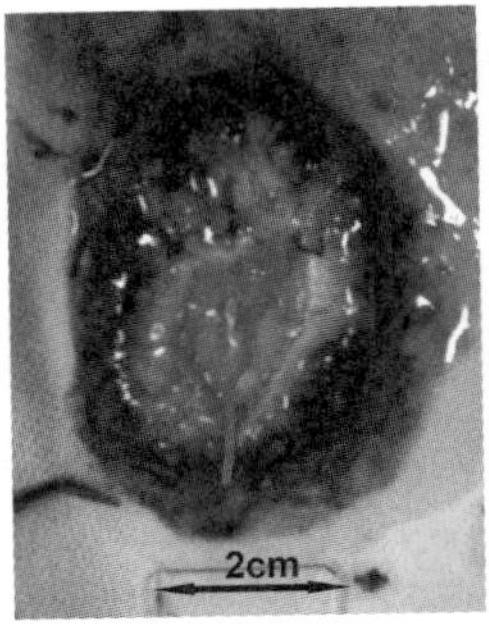

前部

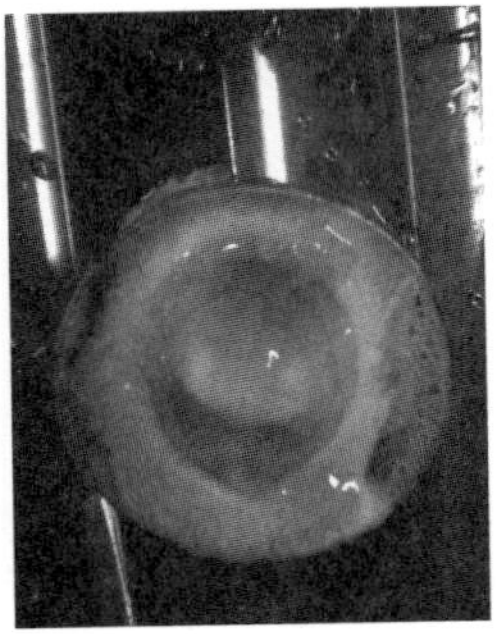

中部

切断した前部と中部の再生のようす。前部は約１ヵ月で消化管全長の再生をしていた。中部は両切断面の傷口は閉じられ両端の中心に５本の縦走筋が集まり、紡錘形をつくっている。消化管は腐敗が激しく、残念ながらくわしく確認できなかった

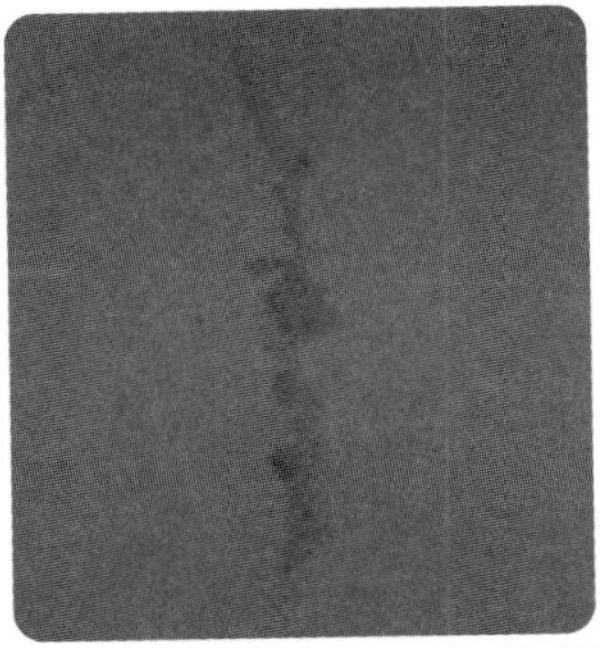

約１ヵ月で再生した前部の消化管を含む内臓。消化管から枝分かれしたものは呼吸樹と思われる

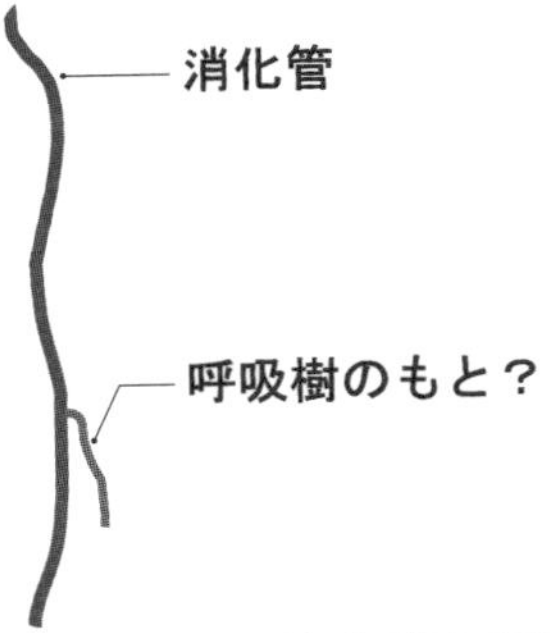

再生された消化管と呼吸樹の模式図

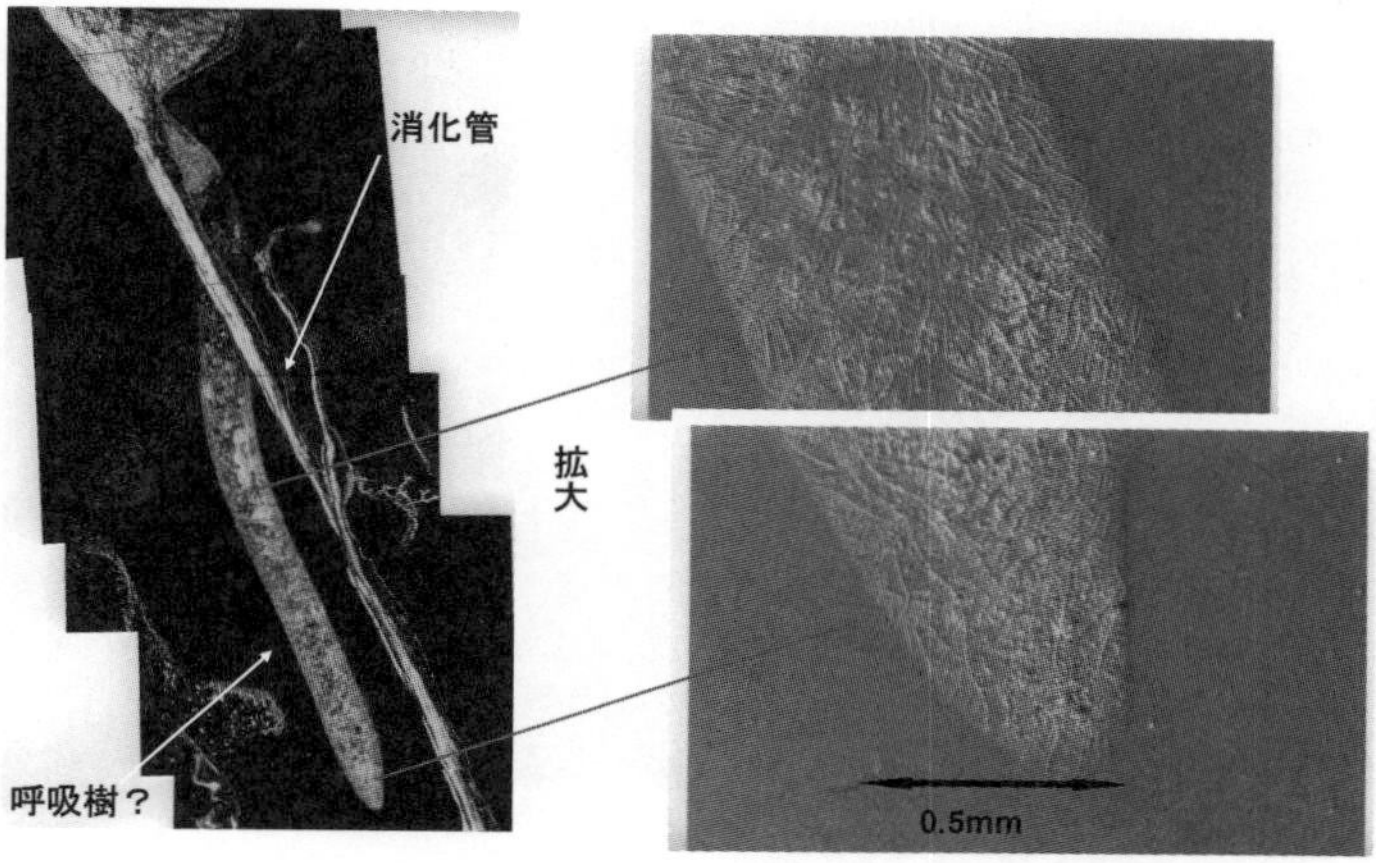

再生した消化管の顕微鏡による拡大。ニョキッと伸びた袋に枝分かれ構造が入っている。これは呼吸樹の原型が再生していると思われる

る「呼《こ》吸《きゅう》樹《じゅ》」のもとになると思われるものが、消化管の先から枝分かれして伸びているのが観察されました。これをさらに拡大してみると、ニョキッと伸びた袋に枝分かれ構造が入っているのがわかりました。

　ナマコを頭、胴体、お尻の３つに切ると、頭はお尻をつくり、お尻は頭をつくり、２匹のナマコになります。残念ながら真ん中の胴体は傷口を閉じて筋肉も整えますが、１匹のナマコとして再生は難しいようです。何か条件を与えると再生するかもしれませんが、まだわかりません。

足場が定まらない状態でのクロナマコの再生実験

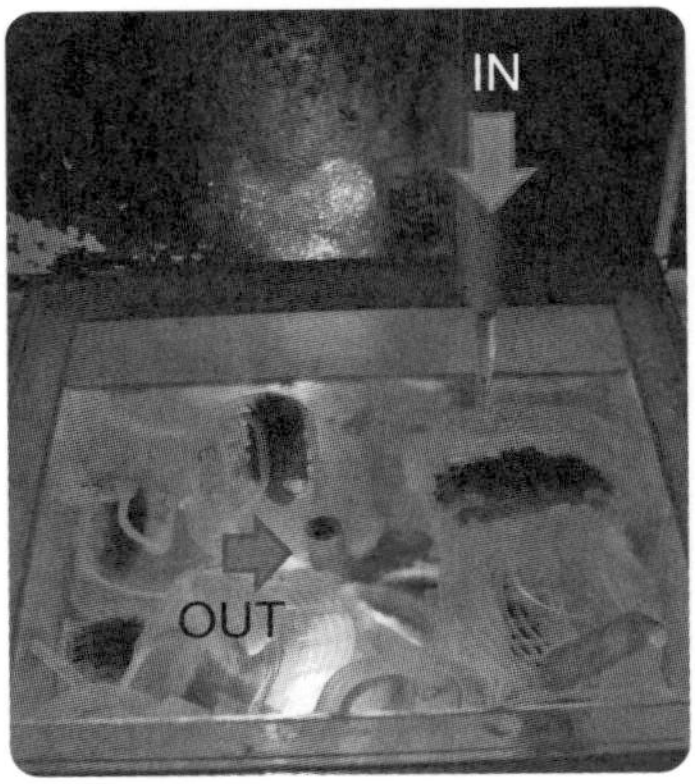

飼育水槽。ゆれたり回転したりする

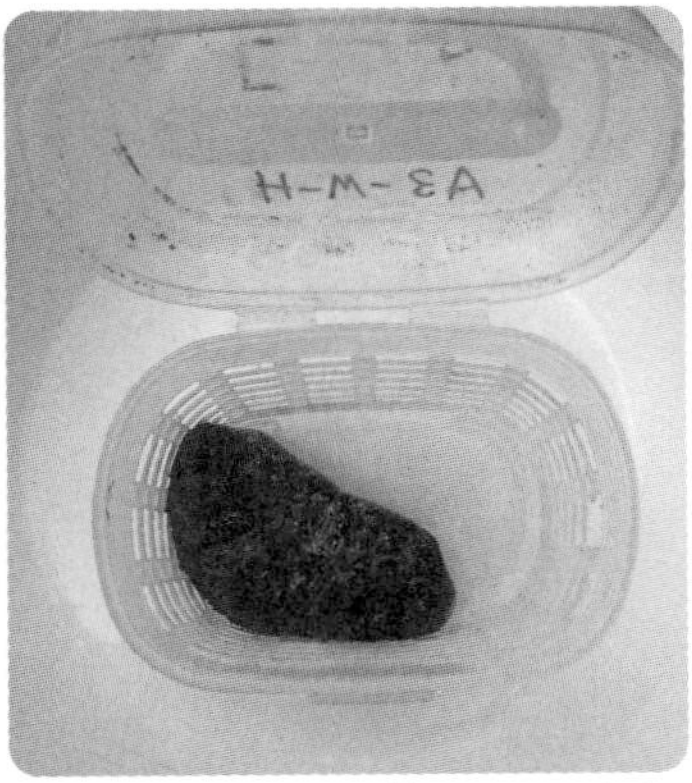

プラスチックの籠に入った切断後のクロナマコ

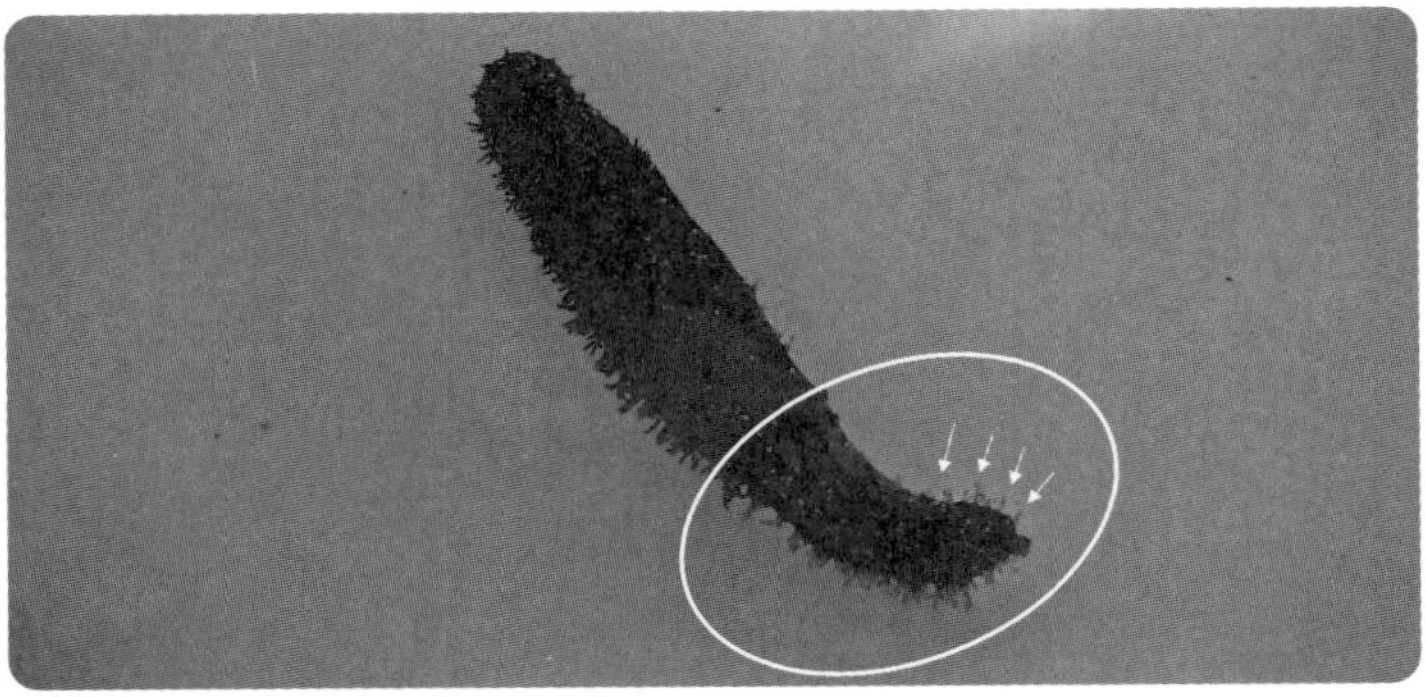

1年3ヵ月後のクロナマコ（お尻から再生）。白囲み部分は再生した頭部。背側にも管足が多く生えている

足場が定まらない状態でのクロナマコの切断後の再生

クロナマコを前部、中部、後部の3つに切断して再生実験を行った際に見つかった、おもしろい例をご紹介しましょう。[34]

切断したクロナマコの3つの部位をそれぞれ小さなプラスチックの籠《かご》に入れ、名札をつけて、つねに新鮮な海水が上からかけ流されている水槽で飼育します。籠は水槽の中をぷかぷか浮いていて、ときどき水が上からかかると籠が天地逆になって回転したりします。1年3ヵ月間、このような環境で再生させたクロナマコを観察すると、お尻の部分から再生した頭には、背中側にも管足《かんそく》がたくさん生えていました。管足の先には吸盤がついていて、プラスチックの籠にくっつくことができます。つねに不安定な足場にいたため、体を固定できるように通常は腹側に多い管足が背中側にもたくさん生えてしまったと考えられます。もし、宇宙空間のような無重力空間でクロナマコを卵から育てると、全身が管足で覆われたクロナマコになるのかもしれません。

ナマコたちのダンスパーティー

ふと疑問に思ってぼっちゃんが聞きました。

「ナマコは分裂して仲間を増やすんか？」

「それもあるけど、**雄と雌がいて、子どもを増やす時期になると、特別なホルモンが体の中に増えますねん。そしたら、みんなで少し高いところへのぼって、特別なダンスを踊りながら、精子と卵子を海の中へ放出しますねん。やがて海の中で精子と卵子が出会い、合体して受精卵となりますね**ん。それがナマコの子どもができるはじまりやで」

「へえ〜！　ダンスパーティーあるん。なんかロマンチックやなあ。どんなダンス踊るん。3拍子のワルツかなんかかいな」

「2拍子の首振りダンスやで。首をこうやってクルクルブンブン振りまわすこともあるで。ちなみに、ダンスを踊りたくなるホルモンはクビフリンいうんやで。おもろいやろ！」

「低カロリー食にしてはけっこう激しいダンスやね。みんなで集まっていっせいに首振りダンスするんやろ、そりゃにぎやかやで、すごいなあ！

受精卵からどうなりまんの。そこからピヨピヨの小さいナマコが生まれまんの？」

「いきなり、ピヨピヨにはなりまへんがな。受精卵は卵割《らんかつ》いうて2倍、4倍と中で分裂して細胞を増やしていきまんねん。それからくぼみができて、形を変えながらお尻の穴と口ができまんねん。そうして小さな耳たぶのような形をした、**オーリクラリア幼生**ちゅうもんになって、海中を遊泳しながら小さい藻《も》などのプランクトンなどを食べながらしばらく暮らしまんねん。受精後から2〜15日くらいやね。そして、樽《たる》のような形の**ドリオラリア幼生**ちゅうもんになって海の底へ行きまんねん。それから触手がだいぶ育った**ペンタクチュラ幼生**ちゅうもんになって、それから**稚《ち》ナマコ**になりまんねん」

「へえ〜ナマコのあかちゃんは最初は泳いどるんやねえ。しかも体の形がずいぶん変わるんやね」

「アルマータ姉さん、ところで彼氏おるん」

頭側とお尻側のアルマータ姉さんは同時に言いました。

「おるで！」

「そうかいな……でもふたつになる前におったんなら、どっちかは僕と……」

「ぼっちゃん、あかんて、ぼっちゃん青すぎてわてらの相手にならんもん」

「そうですかあ〜あああ」

ナマコの繁殖について

ナマコには雄と雌がいて（性転換する種もある）[49]、精子と卵子の受精から始まる「有性生殖」と、自分で体を切り離して行う「無性生殖」により増えます。

有性生殖では、繁殖の時期になると、体内におけるクビフリンというホルモンの濃度が上がります。このホルモンはナマコを高いところにのぼらせ、「首振り動作」を誘発します。首振り運動により、ちょうど雄と雌のナマコそれぞれの首ねっこのあたりのひとつの穴を通して、成熟した卵巣や精巣から卵子と精子が海中へ放出されます。まるで小さな穴からもくもくと煙が出るように放出されます。卵子と精子は顕微鏡で見なければわからないくらい小さいものです。

海中で出会った卵子と精子は受精をし、受精卵をつくり、2倍4倍と卵割し、原腸胚《げんちょうはい》を形成します。発達が進むとオーリクラリア幼生となり、しばらく浮遊生活をしながら小さい藻（微《び》細《さい》藻《そう》類）などのプランクトンを食べて大きくなります。オーリクラリア幼生は横から見ると小さな耳たぶのような形をしています。これが受精後の2~15日です。そして今度は樽のような形のドリオラリア幼生になり、海の底へ向かいます。それから触手が

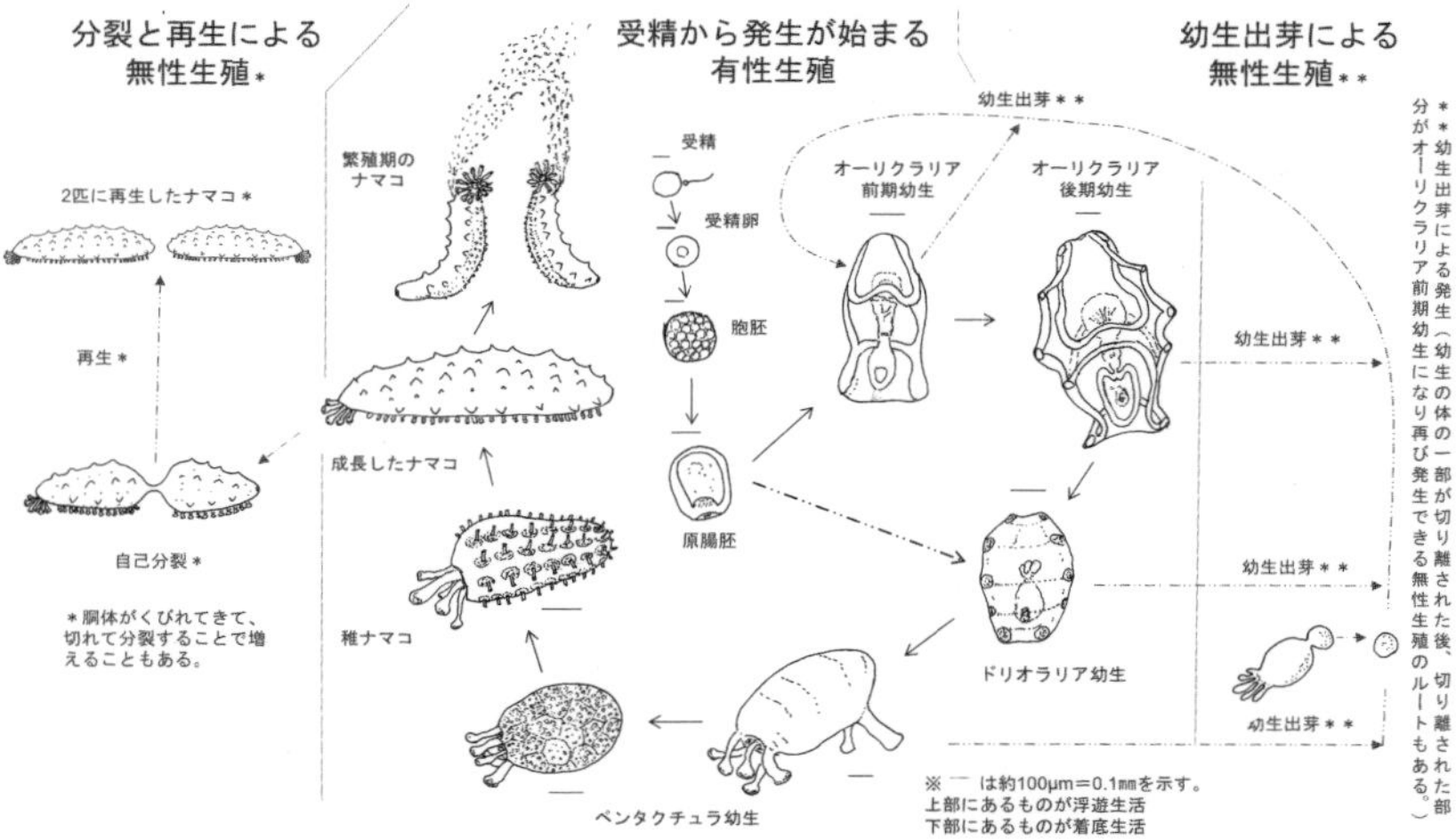

ナマコの繁殖過程（文献1、3、35を参考に図式化）

ナマコの繁殖時の首振りダンス

出てくるとペンタクチュラ幼生になり、そして稚ナマコとなります。稚ナマコは海底で砂や泥に含まれる有機物を食べて大きく成長します。[1、3、35、36]

真っ暗闇の世界へ

「やだわあ！　ぼっちゃん、また沈んでしまいはった。ほな、沈みついでにさらに深海に行こか！」

頭とお尻のアルマータ姉さんにあっけなくフラれてしまったぼっちゃんが、どんよりと海の深いほうへ沈んでいきます。頭とお尻のアルマータ姉さんはぼっちゃんを抱えて、底が真っ暗闇の海溝にダイブしました。

「うわ～どんどん落ちていくわ。僕、どこまで沈むんや～」

深海にどんどん落ちていくぼっちゃん、あたりは真っ暗闇です。

「真っ暗で何も見えへんなあ」

「ちょっと誰か明かりをくれなはれ」

「アルマータ姉さんかいな。久しぶりやな、ほらよ」

気のいいチョウチンアンコウのなかまが明かりをつけてくれました。

するとどうでしょう。あたり一面、何やら透明なナマコたちがたくさんいるようです。

頭に角が生えている**キャラウシナマコ**（*Peniagone azorica* von Marenzeller, 1892：ナマコ綱《こう》、板足目《ばんそくもく》、クマナマコ科）が、プランクトンの死骸などが分厚く堆積《たいせき》したふわふわした深海の海底を、9～11対の大きな管足《かんそく》でウシのようにのっそり、のっそりと歩いています。

背中に2対の突起と１対の小さな突起が生えている**センジュナマコ**（*Scotoplanes globosa*（Théel, 1879)：ナマコ綱、板足目、クマナマコ科）が5～7対の円錐形の大きな管足をゆっくり動かして深海の堆積物に埋もれないように上手に歩きながら、10本の触手で堆積物をゆっくりと口に運んでいます。

さらに、体の側面の腹側から15～60本の比較的大きな管足が水平に突きでて、背中に12～１２５本ものたくさんの突起をもつ**ムカデナマコ**（*Orphnurgus glaber* Walsh, 1891：ナマコ綱、板足目、オニナマコ科）が20本の触手を使っていそいそと口に堆積物を入れながら歩いています。まるでオールがたくさんついた、天井に突起がたくさんある船のようです。

こちらはムカデナマコほどの長い突起ではないけれど、淡い紫褐色の背中に突起をもつ円筒型の**ハゲナマコ**（*Pannychia moseleyi* Théel, 1882：ナマコ綱、板足目、カンテンナマコ科）が、海底で群をなしています。名前にはハゲとついていますが、突起がたくさんついています。

と、向こうからお尻よりの背中に烏帽子《えぼし》のようなものをつけて自慢げに**エボシナマコ**（*Psychropotes longicauda* Théel, 1882：ナマコ綱、板足目、エボシナマコ科）数匹が歩いてきました。彼らの体は淡い黄色～暗い紫色。18本の触手で堆積物を口に運びながら近づいてきます。

「素敵な帽子を腰につけてはりますねえ」

烏帽子を褒められたエボシナマコたちはたいそううれしそうに触手を動かしながら、やってきました。

「苦しゅうないで、もそっと近うよりなはれ、麻呂《まろ》たちの烏帽子を見てくれなはれ。ええやろ、ええやろ」

そこへ、先がくさびを打ったように分かれた烏帽子をもつ、紫色の**フタマタエボシナマコ**（*Psychropotes belyaevi* Hansen, 1975：ナマコ綱、板足目、エボシナマコ科）が気取りながら歩いてきました。まるで紫のスカートを引きずって歩いているかのようで、上か

深海のナマコたち

ら見るとちょうど刀の鍔《つば》のようでもあります。14〜16本の触手を動かして堆積物を口に入れています。

「麻呂《まろ》のこの高貴な紫の衣を見てみなはれ、烏帽子は先が二股に分かれてますえ、ほっほっほっほ〜オ、シャ、レ、やろ」

フタマタエボシナマコがあまりにも自分の烏帽子や紫の衣のような裾《すそ》を自慢するので、エボシナマコは少々機嫌が悪くなったようです。

「フタマタエボシナマコはんはすぐに二股かけるよって、ぼっちゃん、気をつけなはれや！」

フタマタエボシナマコも負けてはいません。

「まあ〜嫉妬してはるわ、いややねエボシナマコの嫉妬やなんて」

2匹のアルマータ姉さんが、それぞれ仲介に入りました。

「ええやん、フタマタエボシナマコはんオシャレでええで、二股なんて失礼やねえ。烏帽子は1本ピンと立っとるで、1本やで！　ほかにふたつとない烏帽子でっせ」

「エボシナマコはんもオシャレやで、烏帽子の先がピンと1本立って、潔《いさぎよ》さがにじみ出てまんがな！　ほかにふたつとない烏帽子でっせ」

さすが、もとはひとつであった2匹のアルマータ姉さんは、最後は同じ褒め言葉で締めくくりました。

気をよくしたエボシナマコとフタマタエボシナマコは、ほかにない烏帽子をもっていることを褒められ、たいそう喜んでいます。

「二股の烏帽子も、1本の烏帽子もまたとない烏帽子やね」

エボシナマコとフタマタエボシナマコは、おたがいに褒めはじめ、急に仲よくなり、複数の触手をからめて抱き合いました。

海底を眺めていると、突然、海底からS字の体形になってぴょんぴょん浮かれているように飛びはねているものがいます。やや細長で管足は12対あり、前方の肩のあたりに4対の突起があり、そのうちの1対が角のように長く伸びている**ウカレウシナマコ**（*Peniagone dubia* (D'yakonov & Savel'eva in D'yakonov, Baranova & Savel'eva, 1958)：ナマコ綱、板足目、クマナマコ科）です。

「ウカレウシナマコはんは何かうれしいことでもあったんでっか」

「わては急にうれしくなって浮かれてジャンプしたくなりまんねん。生きとるだけでうれしいんやで！」

ふわふわ泳ぐユメナマコ

♪♪♪
ゆめのようにふわりんこ、いいゆめみてねふわりんこ、ふわな～ん、ふわな～ん、ふわりんこ
♪♪♪

ワインレッドの体が透けた生物がぼっちゃんたちのところへ近寄ってきました。何やら頭に頬被《ほおかむ》りのようなものと、お尻のほうにはヒレのようなものがあり、触手は20本あるようです。

頬被りは広げると翼のようであり、背中の12～14本の突起が膜でつながって半円形より少し大きいライオンの鬣《たてがみ》のような、または、エリマキトカゲの広げたエリマキ状の膜を形成し、またお尻のほうの15本の突起が膜でつながった水かきのようなものを形成し、それらを上手に動かして泳いでいます。**ユメナマコ**（*Enypniastes eximia* Théel, 1882：ナマコ綱、板足目、クラゲナマコ科）です。

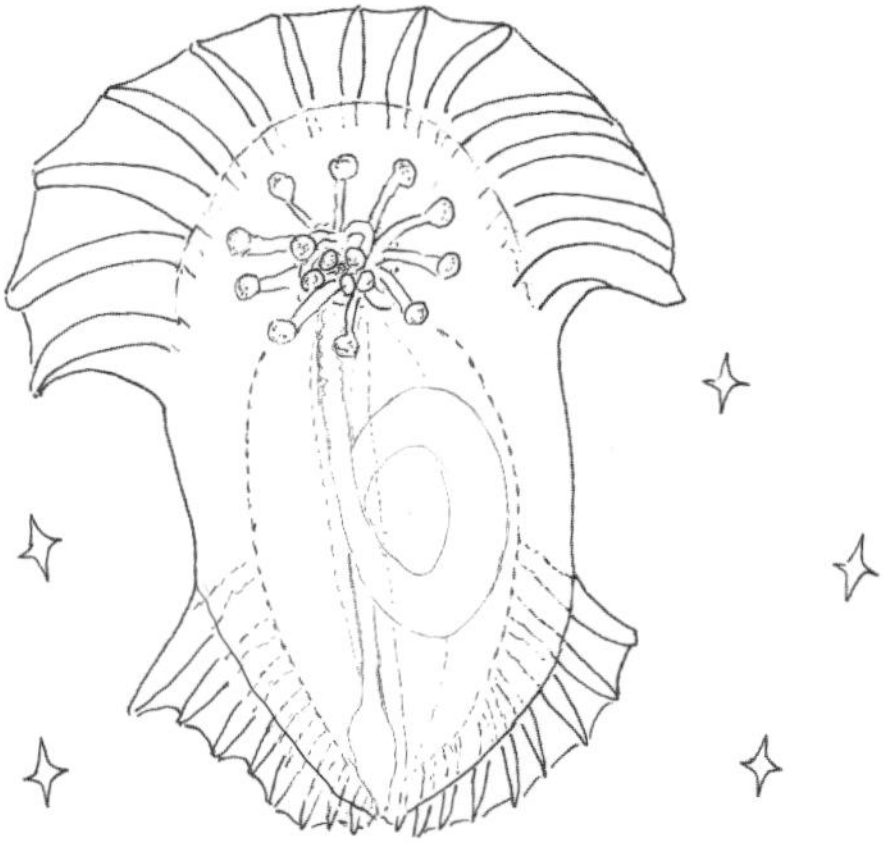

ユメナマコ

「わあ〜ナマコって海底を這《は》って生きてるだけやなくて、泳げるのもいはるんやねえ」

ユメナマコはぼっちゃんたちの近くにゆっくりと降りました。そして触手を動かして海底の泥を食べはじめました。するとまた、頭とお尻のヒレのような膜を上手に使って浮かびあがり、また泳ぎはじめました。

「わては、食事するときだけ少し海底に降りるんや、あとはふわふわ泳いでいるんや、いつもふわふわやで」

ユメナマコがもう2匹、暗闇の向こうからやってきました。

「めずらしいお客はんやね。深海へようこそ。あ〜ら誰かと思ったらアルマータ姉さんやないの、しかもふたつになったたん。にぎやかやかやねえ」

「今日はいろいろ事情があってな、このぼっちゃんを深海へ案内したとこや。そろそろ寒くなってきたさかい、暖かい海のほうへ行こうと思うけど、浅場まで連れて行ってくれんかいな。頼んますわ」

「姉さんの頼みなら断れまへんがな。まかしときなはれや」

「おおきに、ほな、頼んまっさ」

泳ぐナマコ

ナマコには海底を這うだけではなく、泳げるものもいます。

深海では、泳ぐナマコとしては、クラゲナマコ科のユメナマコ（水深約300〜6000m[4,40,41]）、ウシナマコの仲間のオケサナマコ（水深約550〜5800m[42,43]）などが見つかっています。ユメナマコは疣足《いぼあし》が特殊化した水かき状の膜で大きな帆のような構造をつくり、それを後方へ打ちつけることと、体全体を上下方向へ屈曲させることで海底から離陸し、遊泳中両側に並んだ疣足を連ねる膜を波動させ、帆をゆるやかに後方に仰いで泳ぎます。[1] 浅いところではホソイカリナマコの仲間も伸びた体の一部をひらひらさせながら泳ぎます。[3]

宇宙のような深海

「そ～らぼっちゃん、姉さん、わてらの触手にしっかりつかまりなはれや。さあ、行くで！」

３匹のユメナマコは２匹のアルマータ姉さんとぼっちゃんを触手でしっかりと抱えて、海底から頭とお尻のヒレを大きく羽ばたかせ、浮かびはじめました。

「さあ、浮上するで、しっかりつかまっとってや」

少し浮上したところでユメナマコが言いました。

「ぼっちゃん、何があったか知らんけど、せっかく地球のどん底、深海まで来たんや、ええもん見せたるわ」

ユメナマコは少し激しく頭とお尻のヒレや体を動かしました。するとどうでしょう。ユメナマコの体が発光しはじめ、発光した皮膚の断片が光ったままぱらぱらと海底へ散らばって沈んでいき、暗い深海をぼやっと照らしだしました。ユメナマコに抱えられて少し

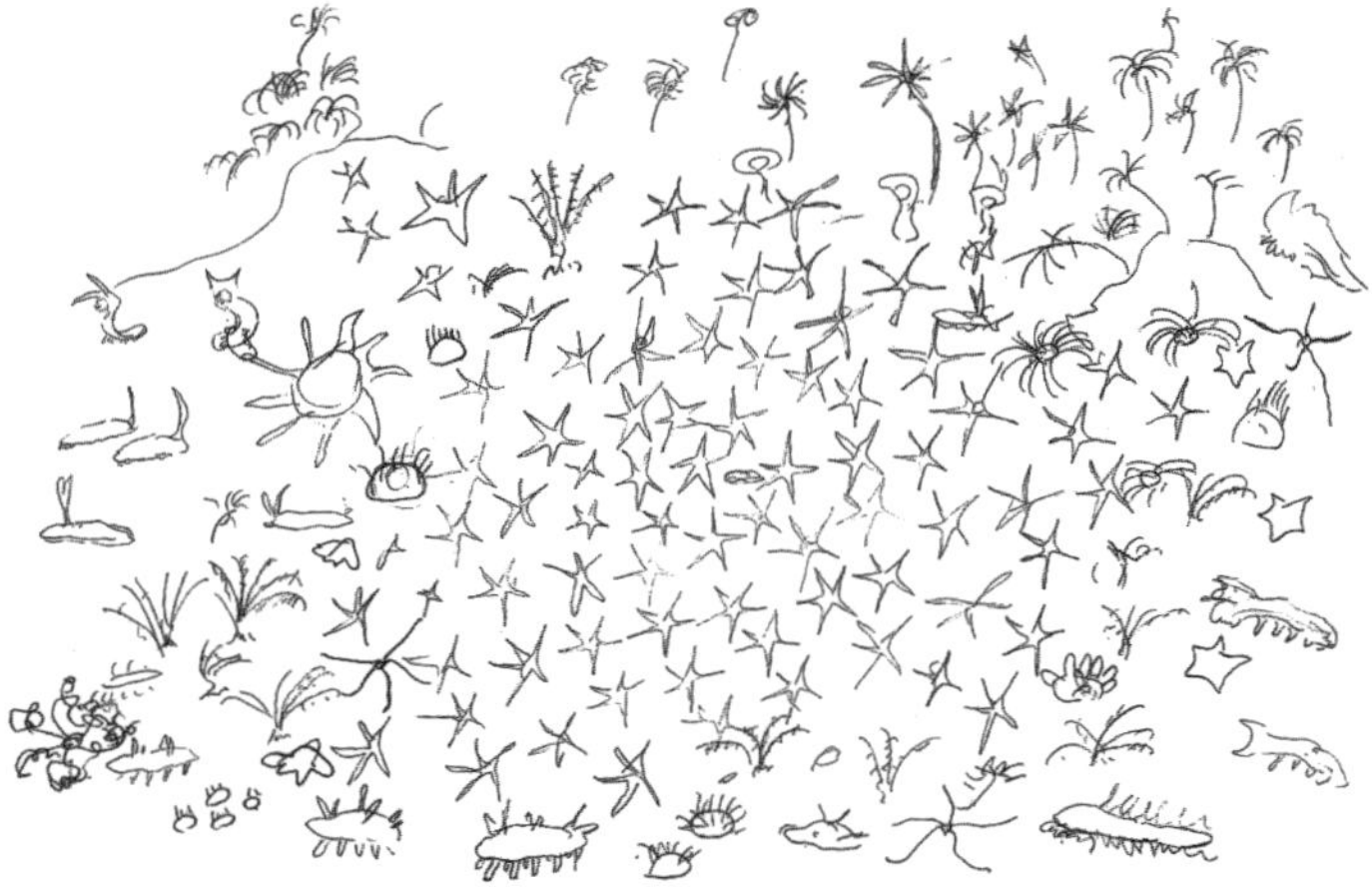

海底で繁栄する美しい棘皮《きょくひ》動物の仲間たち

高いところから見た海底は……

「うわ〜すごい星の数や！　海底がびっちり星で埋めつくされてるわ。みんな重なりあわんようにほんの少し距離をとってはるけど、とんでもない数や！　大きいのも小さいのも満天の星空のようや！　きれいやわ！」

「あれは、**クモヒトデはんや、ナマコの親戚でっせ**。キタクシノハクモヒトデ（*Ophiura sarsii* Lütken, 1855：クモヒトデ綱《こう》、クモヒトデ目、クモヒトデ科）いいまんねん。５本の腕を広げて堆積物を食べてはるんや」

「あっちは、お花畑や赤いのや白い花や、花だけで葉っぱはあれへんわ。あっちはシダのようなもんがぎょうさん生えてるわ。

海底は植物もいっぱい生えてるわ。すごいなあ」

「あれは植物とちがいますえ、わての**親戚のウミユリはんとウミシダはんどす。動物でっせ**」

「深海の底はナマコさんたちの親戚だらけなんやね。すごいなあ」

アルマータ姉さんとぼっちゃんを抱えた3匹のユメナマコは、海底から立ちのぼる湧《ゆう》昇流《しょうりゅう》の流れにのりました。

「さあ、しっかりつかまっとりなはれや、いっきに浅いところまで行くで」

ユメナマコは頭のヒレを大きくふくらまし、水流を帆のように受けてどんどん上昇していきます。

深海の海底のナマコの親戚たちの星々、お花畑はどんどん小さくなり、やがて真っ暗な海の中に溶けこんで見えなくなりました。

「みなさん、さようなら、さようなら」

ぼっちゃんは手を振りました。

「地球上では脳を発達させたヒトがほかの生物のすむ場所を奪ったり汚したりしてはるけど、海の底は脳のないナマコはんたちが繁栄してるんやなあ」

南国の海

南国の海へ

湧昇《ゆうしょう》流《りゅう》と深層海流の流れにのり、ぼっちゃんとアルマータ姉さんはユメナマコに連れられて南国の海までやってきました。

「ほな、浅いところまで来たさかい、わてらは深海へそろそろ帰りまっさ。姉さん、ぼっちゃんお元気で、また遊びに来なはれや」

「ほんまにおおきに遠いところまで連れてきてもろうて、ほんまに助かったわ」

「ユメナマコさんありがとう、深海の世界を見せてくれて、地球にはヒトとは全然ちがう生き方で大繁栄しているみなさんの姿が見られて、なんかこの世の中が前よりずっと楽しなったわ。ほんまにおおきに！」

「そない思うてもろうてうれしいわ、ほなさいなら」

「ほんまにおおきに、おおきに！」

姉さんたちは触手を振り、ぼっちゃんは手を振りました。

3匹のユメナマコは、ゆっくりと深い海の中へ消えていきました。

クロナマコのお化粧

浅いサンゴ礁の海に、無数の黒いナマコがサンゴ砂などを食べて、きれいになったサンゴ砂の白いフンをあちこちにしています。

「こちらは**クロナマコ**（*Holothuria*（*Halodeima*）*atra* Jäger, 1833：ナマコ綱《こう》、楯手目《じゅんしゅもく》、クロナマコ科）はんやで、こちらはわけあって海底に訪ねてきはったぼっちゃんやで」

「あらま！　姉さんちょっと待ってえな、わて、こんなかっこうのとこで突然訪ねてこられても、ちょっと待っておくれやす。すぐにお化粧するさかいな、待っておくれやす」

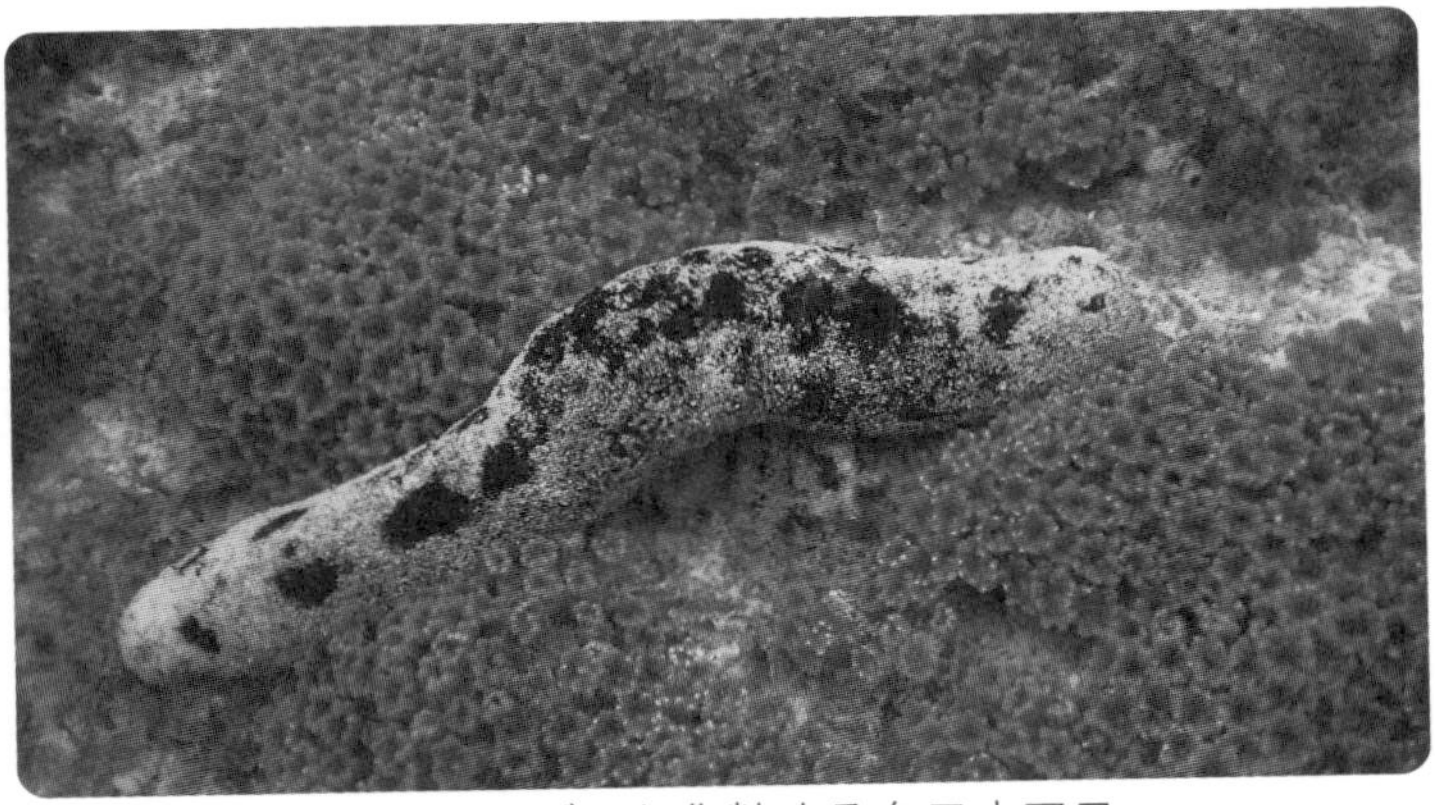

白いサンゴでお化粧するクロナマコ

クロナマコは粘液を薄く体から出し、サンゴ砂の上をゆっくりと転がって、体に白いサンゴ砂をつけはじめました。

「白粉《おしろい》しっかりつけましたさかい、これでええおます。わては紅はあらしまへんけど、堪忍しておくれやす。姉さんひさしぶりやなあ」

「クロナマコはん、頼みがあるんや、このぼっちゃんと付きおうてほしんやけど」

「わて、だいぶいっとりますえ、こんな若い方と付きあうなんて、わてなんや恥ずかしくなってきましたわ、もっと厚化粧せんと」

クロナマコはさらにあたりを転げまわり体に白いサンゴ砂を厚塗りしました。

「これで、ええおます」

「ちがうがな、ぼっちゃんに南の海を案内してもらいたんや」

「なんや、そんなことかいな、お安い御用やで」

いろいろなナマコたち

ナマコは世界中の海にすんでいますが、1970年の文献では、[4] ナマコ綱《こう》は世界からは約1100種の記録があり、2000年に入ってからの文献によると、約1400〜1500種が記録されているようです。[1、3] 日本周辺では約200種が記録されています。また、国際的な生物の分類に関する国際的なデータベースーＩＴＩＳ（Integrated Taxonomic Information System）では、2023年6月のデータ更新時点では約1700種の記録があります。[44]

身近なマナマコも新たな分類によりふたつに分けられています。古くはマナマコは体の色でアカタイプ（赤褐色）、アオタイプ（青緑色）、クロタイプ（黒色）に分けられ、その生態のちがいも研究されていましたが、同一種とみなされていました。

しかし、近年、マイクロサテライトＤＮＡマーカーを用いた集団遺伝学的な解析により、アカタイプとアオ・クロタイプの2種に分けられました。[45] 現在は、アカタイプはアカナマコ（*Apostichopus japonicus* (Selenka, 1867)）、アオタイプとクロタイプはマナマコ（*Apostichopus armata* (Selenka, 1867)）に分類することが支持されているようです。[46,47]

アカタイプは外海の影響のある岩や石が多い岩礁や礫底《れきてい》に生息し、アオタイプやクロタイプは波が比較的穏やかな内湾の砂や泥の多い砂泥底に生息している傾向があります。また、同じ種類でもすむ環境に地域差があり、[1] 杓子定規にすむ環境が決まっているわけではありません。

ナマコの分類も大まかに6目（無足目《むそくもく》：Apodida、隠足目《いんそくもく》：Molpadida、楯手目《じゅんしゅもく》：Aspidochirotida、板足目《ばんそくもく》：Elasipodida、指手目《ししゅもく》：Dactylochirotida、樹手目《じゅしゅもく》：Dendrochirotida）に分類されていましたが、近年、生物のもつタンパク質のアミノ酸配列や遺伝子の塩基配列を用いて系統解析を行う分子系統学（molecular phylogeny）の分野からの研究では、ナマコ綱を7目（Apodida、Dendrochirotida、Elasipodida、Holothuriida、Molpadida、Persiculida、Synallactida）に分けた研究が発表されています。[50]

このように、分類も新しい技術が取り入れられると変わっていきます。生物全体では年間2万種の新種が見つかっているそうです。[51] これから沿岸部から深海まで、さらに調査・研究が進むことで、さらにナマコの種も増えるかもしれません。

ただ、地球環境の変化や乱獲により絶滅が危惧される種もあります。私がよくお世話になっている石垣島離島にある日本ウミガメ協議会付属黒島研究所の周辺の海でも、近年ナマコが輸出のために乱獲され、以前は研究所のすぐ近くでさまざまな種のナマコを見つけることができましたが、最近ではかなり苦労して探さないと見つからなくなってきました。

たくさんいたバイカナマコ、ハネジナマコやイシナマコも少なくなり、スイスのグラン（Gland）に本部を置くＩＵＣＮ（The International Union for Conservation of Nature：国際自然保護連合）が発表している絶滅の危機に瀕している世界の野生生物のリスト「レッドリスト」（IUCN Red List of Threatened Species）[52]の評価では、世界的にもバイカナマコ、イシナマコやハネジナマコは減少傾向にあり、Endangered（絶滅危惧種）と評価されています。[53、54、55]また、驚いたことに、本州でおなじみのマナマコもEndangered（絶滅危惧種）と評価されています。[47、56]

このリストでは、さまざまな生物をＥＸ（Extinct：絶滅）、ＥＷ（Extinct In The Wild：野生絶滅）、ＣＲ（Critically Endangered：深刻な危機）、ＥＮ（Endangered：危機）、ＶＵ（Vulnerable：危急）、ＮＴ（Near Threatened：準絶滅危惧）、ＬＣ（Least Concern：低懸念）、ＤＤ（Data Deficient：データ不足）、ＮＥ（Not Evaluated：評価なし）に分けており、この内のＣＲ、ＥＮ、ＶＵがとくに絶滅の危機が高いと評価されるものです。レッドリストは、野生生物の危機の状況を示し、このリストへの掲載が即、法的な保護の

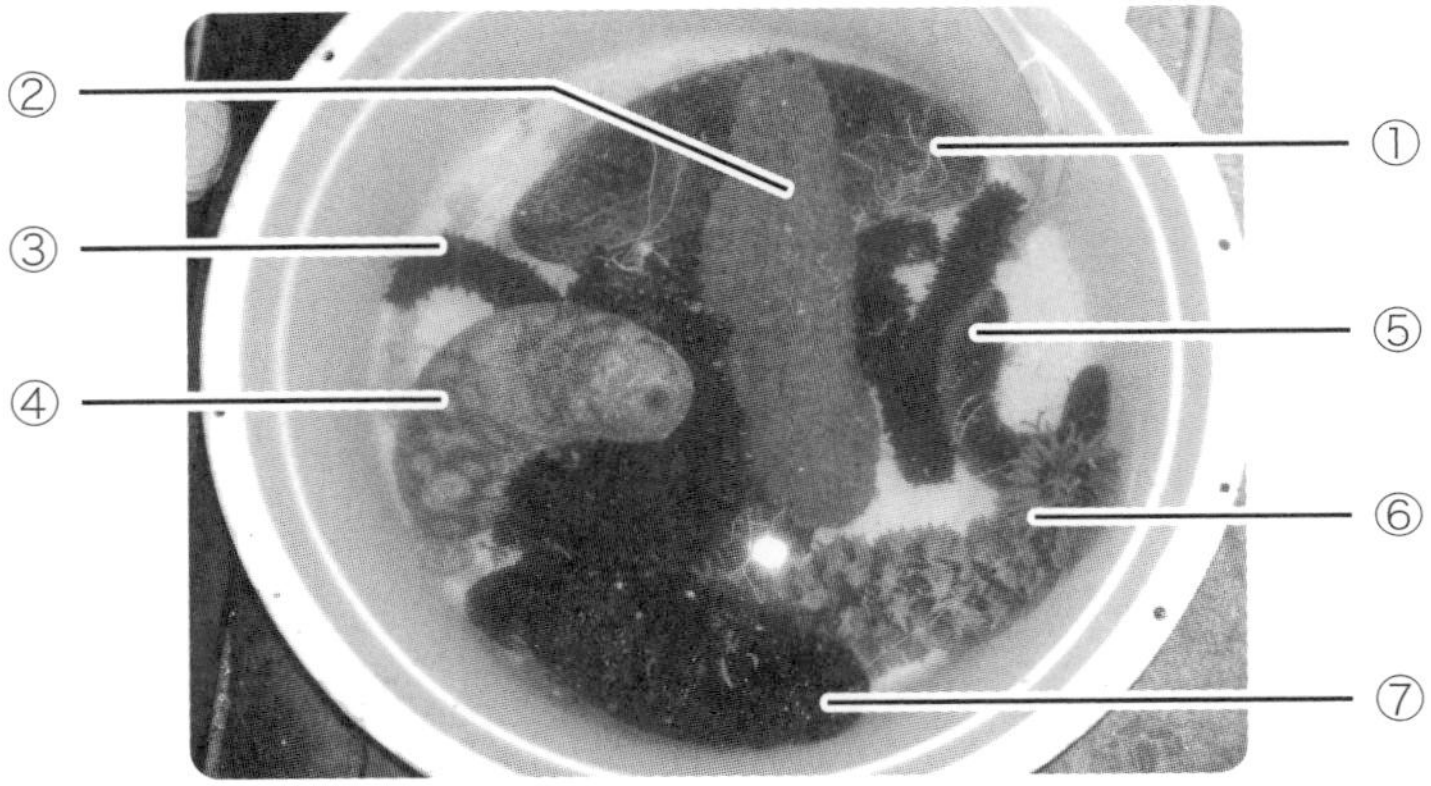

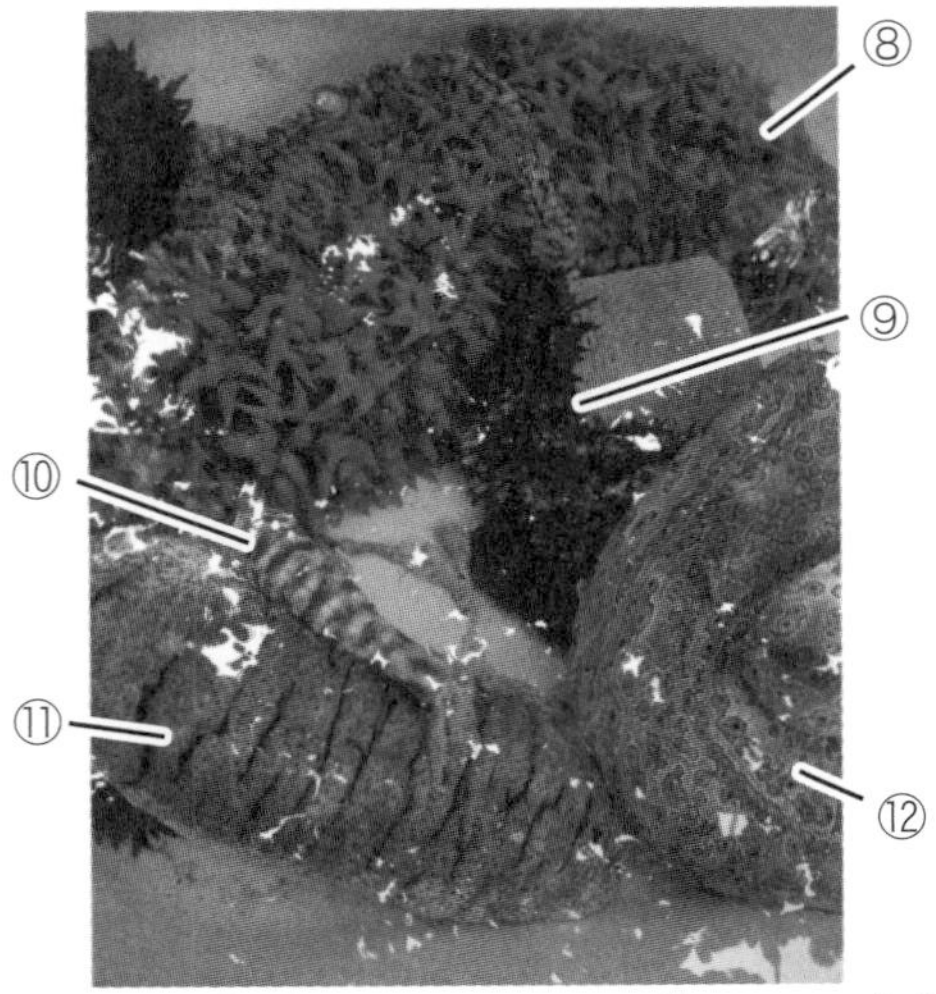

いろいろなナマコ。①ジャノメナマコ、②ヨコスジオオナマコ、③シカクナマコ、④ニセジャノメナマコ、⑤アカミシキリ、⑥バイカナマコ、⑦イシナマコ、⑧バイカナマコ、⑨シカクナマコ、⑩オオイカリナマコ、⑪ハネジナマコ、⑫ジャノメナマコ

対象となることを意味するわけではありませんが、[57] 私のまわりの少なくなったナマコたちの状況を見ても、早めの対策が必要と実感しています。

また、NPO法人 野生生物調査協会とNPO法人 Envision 環境保全事務所が作成、運営している「日本のレッドデータ検索システム」では、ウチワイカリナマコは広島県では準絶滅危惧種、ヒモイカリナマコは兵庫県では絶滅危惧種II類、大阪府では準絶滅危惧種となっています。[58] 一方、環境省の生物多様性センターが管理している生物情報 収集・提供システム「いきものログ」では、環境省にさまざまな組織や個人がもっている生きもの情報を集積して、みんなで共有してできるシステムとなっています。[59] このシステムの中にある「絶滅危惧種検索」では絶滅危惧種の検索ができるようになっていますが、ナマコの情報はまだまだ不足しているようです。みなさんも少しでもナマコに関心をもっていただき、絶滅しないように力を貸していただければと思います。

冬眠ならぬ夏眠

「あ〜暑うなってきた、あ〜暑うなってきた、眠いわ〜、眠いわ〜」

「姉さんらどうしたん、まだ昼やで、体の具合でも悪うなったん？」

「わてらは、水温が24℃そこらを超えると眠とうなるんや、こういうときは岩の割れ目に入ってゆっくり眠るんや。**暑うなったら眠るんを夏眠《かみん》いうんやで。**地上では寒うなったらクマさんが冬眠するやろ、その逆やね」

「そうかいな、姉さんらは暑さに弱いんやね」

「ぼっちゃん、わてらはここでしばらく休んでおるさかい、クロナマコはんにしばらくの間、南の海を案内してもらいなはれや。クロナマコはんよろしゅう頼んまっさ。あ～眠たい、あ～眠たい」

姉さんたちは心地よさそうな岩の割れ目を見つけると、その中へ入ってすやすやと眠りはじめました。

マナマコの夏眠

マナマコはその大きさにもよりますが、夏になって水温が20℃付近まで高くなると、食べることをやめて深い場所へ移動します。そして岩のくぼみなど安全な場所を見つけ、そこでじっとしてあまり動かなくなります。これを夏眠といいます。

夏眠の間は砂や泥を口に入れることもなくなり、消化管も木《も》綿《めん》糸《いと》のように細くなります。また、ふつうは体長より長い消化管も、体長よりも短くなるそうです。夏の高温によるエネルギーの消耗に対応しているものとされています。水温が下がる時期になると、また隠れ家から出てきて砂や泥を食べます。消化管も大きく長くなります。また、すべてのマナマコが夏眠するわけではなく、小さいナマコや、北海道など夏でも水温があまり上がらない地域では、活動は低くなるけれども夏眠はしないこともあるとの報告もあります。[7]

マナマコを飼って観察していると、夏の水温が高い時期は砂などを口に入れなくなります。もののすき間のようなところを見つけてじっとそこにいますが、少し水温が下がる夜などはときどき隠れ家から出てきて、お尻をくるくるまわしてストレッチ体操のようなことをしていることも観察されます。夏眠の最中は石のように動かない、というわけでもなさそうです。

「ぼっちゃん、ほな行きまひょか。わてが姉さんのかわりに案内しますさかい。わてについてきておくれやす」

「クロナマコはん、ほな、お世話になりまっさ。おおきに、よろしゅうお頼みします」

サンゴ礁の海をクロナマコとぼっちゃんはゆっくりと歩きはじめました。

「わ～サンゴ礁はお花畑みたいやなあ。きれいやなあ」

「ぼっちゃん、サンゴは動物でっせ、触手を出して小さなプランクトンをとって食べてはるんや。なかには褐虫藻《かっちゅうそう》いう渦鞭毛藻《うずべんもうそう》の仲間を体の中にすまわせて、褐虫藻に栄養をつくってもろうとるサンゴもおるんやで。サンゴは褐虫藻はんに窒素《ちっそ》やリンなどの栄養塩をかわりにあげはるんやで。**ええとこ出しおうて、いっしょに仲よう暮らしてはる**んやで。これを**相利《そうり》共生《きょうせい》**といいますねん。ちなみに、シャコガイにも褐虫藻はすんではるんやで」

「へえ～サンゴは動物やったんやね。てっきり石みたいに動かんでお花みたいやさかい、植物かと思うとったわ。しかも光合成しはる褐虫藻をすまわせて栄養もろうとるなんて、植物がするようなこともしてはる。不思議やねえ。どうしてそうなったん？」

「サンゴ礁の海は、じつは栄養に乏しいさかい、たがいに協力せな生きていかれんかったんやと思うけど、褐虫藻をすまわせてないサンゴもいてはるよって、くわしい経緯はようわかってまへんのや」

赤と黒のアカミシキリ

赤色の美しいアカミシキリ

サンゴのお花畑をしばらく歩くと、背中が黒色でお腹が赤いナマコに出会いました。

「**アカミシキリ**（*Holothuria* (*Halodeima*) *edulis* Lesson, 1830：ナマコ綱《こう》、楯《じゅん》手《しゅ》目《もく》、クロナマコ科）はん、こんにちは。いつもお腹に紅さしてはって美しいおますなあ、わては紅あれしまへんで、うらやましいわ〜。赤と黒のスタンダール、色っぽいわ〜」

「何言うてはんの、クロナマコはんかて、白くお化粧しはってきれいやわ〜。わてはお化粧上手にできへんよって、うらやましいわ〜。ところでこのぼっちゃんは？」

「アルマータ姉さんのお連れはんですがな。姉さんはいま、夏眠してはるよって、わてがかわりに案内してますねん」

「そうやったん。ぼっちゃん、南の海を楽しんでいきなはれや。ほなまたな。さいなら」

ニセクロナマコのねばねば攻撃

しばらく行くと、黒いナマコがサンゴの岩の下にいるのが見えました。ぼっちゃんは駆け寄っていきます。

「クロナマコは〜ん、ここにもいはったん」

ぼっちゃんが黒いナマコに近寄ると、黒いナマコはお尻をぼっちゃんに向けて、白いソウメンのような糸をいきなり噴射しました。

「うわ〜何なん！　この白いねばねばのソウメン、体にからまってくっついて取れへんわ、どんどんからまってしもうて、僕動かれへんわ〜！　誰か助けてえな〜。助けてえな〜」

「ぼっちゃん大丈夫でっか。こちらは**ニセクロナマコ**（*Holothuria* (*Mertensiothuria*) *leucospilota* (Brandt, 1835)：ナマコ綱《こう》、楯手目《じゅんしゅもく》、クロナマコ科）はんでっせ。あ〜驚かしてしもうたんやな。えらいこっちゃ、ニセクロナマコはん、こちらはわてがアルマータ姉さんから預かってるぼっちゃんやで。あやしいもんやあらしまへんで、堪忍しておくれやす」

「なんや、クロナマコはんやんか。アルマータ姉さんのお連れさんかいな。これはすまんことしたわ。いま、わてのキュビエ器官しまうさかいな。堪忍、堪忍」

ニセクロナマコは白いねばねばのソウメンをお尻の穴の中に戻しましたが、ぼっちゃんの体にはたくさんの白い糸がまだからまったままです。

「あ〜なんてこった、白いソウメンが手やら足やらにからまってしもうて、なかなか取れへんわ」

ぼっちゃんは泣きべそをかいています。

「カニさん、ヤドカリさんらちょっとこっちへ来て手を貸しておくれやす」

「なんや、なんや、クロナマコはんやないの、どうしたん」

「ぼっちゃんがあやしいもんと間違われて、ニセクロナマコはんにキュビエ器官をかけられてしもうたんや。もうベタベタにからまってしもうて、大変やねん。白いねばねばの糸をはずすの、手伝ってくれへん」

「待っとれや、仲間を連れてくるさかい」

カニとヤドカリは仲間を集め、ぼっちゃんの体にからまったねばねばの糸を切ったり引っ張ったりして、はずしはじめました。カニとヤドカリが力を合わせて、からまった糸を、根気強くはずしてくれ、やっとぼっちゃんは白いねばねばした糸、キュビエ器官から解放されました。

「あ～やっと取れたわ、みなさんおおきに、おおきに」

「ぼっちゃん、すまんことしたなあ。堪忍しておくれやす。アルマータ姉さんのお連れさんやと知っていたら、キュビエ器官なんかかけへんかったわ。てっきりあやしいもんがわてに悪さするんやと勘違いしてしまったさかい、ほんますまんことしたわ。堪忍なあ」

「こちらこそ、ニセクロナマコはんを驚かせてしもうて、すまんことやったわ。ところで白い糸は何ですの。アルマータ姉さんやクロナマコさんにもありますの？」

「わてらは、**あやしいもんが近づくとお尻の穴から〝キュビエ器官〟を出して防衛するん**やけど、キュビエ器官は姉さんやクロナマコはんやアカミシキリはんにはありまへんのや。**キュビエ器官をもっているナマコともっていないナマコがおりまんねん。**このあたりやとジャノメナマコ（*Bohadschia argus* Jäger, 1833：ナマコ綱、楯手目、クロナマコ科）はんがもってはるわ（↓125ページ）。キュビエ器官には魚が嫌うホロスリンも多く含まれとるさかい（↓60ページ）、魚につっつかれたときには撃退効果抜群やねん」

「へえ～そんな飛び道具もありますのん。ナマコはんには、いろいろすごいのがありまん

ニセクロナマコ。左下のほう、白いねばねばしたキュビエ器官を出している

なあ」

「ぼっちゃん、キュビエ器官をもっとるナマコもいてるさかい、お尻のほうから近寄らんと、前からあいさつして近づくんやで」

「わかったで、気をつけるわ、おおきに！」

シカクナマコの護身術

クロナマコとぼっちゃんはサンゴ礁を歩いています。少し深いところにやってきました。テーブルの形をしたサンゴ、枝状、ブラシ状、ふきの葉のようなへらべったい形をしたサンゴなど、色とりどりのサンゴがあちらこちらに見えます。しばらく行くと、何やらサンゴの石の上に全身が黒くて突起の先が少し黄色いナマコがたくさんのっているのが見えてきました。シカクナマコ（*Stichopus chloronotus* Brandt, 1835：ナマコ綱《こう》、楯手目《じゅんしゅもく》、シカクナマコ科）です。

「シカクナマコはん、こんにちは、ひさしぶりやね」

「やあクロナマコはんやないの。お連れはんどすか」

「アルマータ姉さんのお連れさんやで、いろいろ南の海を案内してまんねん」

「そうか、ぼっちゃん、このあたりにはなあ、わてらナマコを丸のみする大きな巻貝がおるさかい、気をつけなはれや」

「はじめまして、親切におおきに、気をつけますわ。その貝はシカクナマコはんを丸のみするくらいやから、さぞ大きいんやろうね」

話しているうちに、何やらシカクナマコの後ろの岩陰から、白い布のようなものがスルリとせまってきました。その布のようなものは急に伸びて、シカクナマコの体の一部に覆いかぶさりました。

「シカクナマコはん、巻貝や、巻貝が真後ろにおるで、逃げなはれ！　大変や！」

シカクナマコは体をくねくねさせてあわてて叫びました。

「ぼっちゃん、クロナマコはん、早う逃げなはれ、早う逃げなはれ！」

シカクナマコは大きな巻貝の外套膜《がいとうまく》にとらえられてしまいました。

「シカクナマコはん、このままやと、食べられてしまうで、助けんと、助けんと！」

ぼっちゃんはシカクナマコを助けに行こうとしましたが、クロナマコはたくさんの管足《かんそく》についている吸盤をぼっちゃんにくっつけて、ぼっちゃんが巻貝のほうへ近寄らないように必死でぼっちゃんを引き止めています。

「ぼっちゃん、行ったらあかんて、ぼっちゃんも貝に丸のみにされてしまうさかい、行ったらあかんて」

一方、大きな巻貝の外套膜にとらえられたシカクナマコは何とか逃れようともがいています。


ふにゃりん、ビリ！　パス、ポン！　バリ！


外套膜につかまれたシカクナマコはんの皮膚の一部が突然柔らかくなり、そして一瞬にして硬くなることで、板をはがすように皮膚が剥がれ落ちました。

皮膚の一部を切り離すことで貝の外套膜から逃れたシカクナマコは、急ぎ歩きで巻貝から遠ざかり、サンゴの石のすき間へと身を隠しました。
巻貝は剝がれ落ちた皮膚をおいしそうにむしゃむしゃ食べています。

「危なかったわ。もう少しで丸のみにされるところやった」

「ぼっちゃん、シカクナマコはんはうまく逃げはったで！」

「でも背中の皮膚が剝がれてしもうて、体の一部がえぐれて体の中の白いのが見えてるやないの。大ケガしはってるで。はよ行って包帯巻かんと」

ぼっちゃんは近くにあった海藻を持って、シカクナマコのところに駆け寄りました。

「シカクナマコはん大丈夫か、大ケガしとるやんか。包帯するさかい、見せてみなはれや」

「ぼっちゃん、おおきに。でも、わては大丈夫や。わては**体の一部を溶かして皮膚の一部を切り離すことができるんや。切り離した皮膚はまたしばらくするともとに戻る**さかい。心配せんでも大丈夫やで。今日は一部の皮膚を切り離すだけで逃げることができてよかったんやけど、もっとひどいときには**体全体を溶かしてしまうこともあるんや**」

「体が溶けたらどないなるん。溶けても生きていけるん？」

「**しばらく休んでおったら、またもとに戻れるんや。少し時間はかかる**んやけどな」

「溶けた体がまたもとに戻るんかいな。すごいなあ。どうしてそうなるん？」

郵便はがき

切手をお貼りください。

102-0071

東京都千代田区富士見
一―二―十一
KAWADAフラッツ一階

さくら舎 行

住所	〒　都道府県		
フリガナ		年齢	歳
氏名			
		性別	男　女
TEL	(　　)		
E-Mail			

愛読者カード

ご購読ありがとうございました。今後の参考とさせていただきますので、ご協力をお願いいたします。また、新刊案内等をお送りさせていただくことがあります。

【1】本のタイトルをお書きください。

【2】この本を何でお知りになりましたか。

1.書店で実物を見て　2.新聞広告(　　新聞)
3.書評で(　　)　4.図書館・図書室で　5.人にすすめられて
6.インターネット　7.その他(　　)

【3】お買い求めになった理由をお聞かせください。

1.タイトルにひかれて　2.テーマやジャンルに興味があるので
3.著者が好きだから　4.カバーデザインがよかったから
5.その他(　　)

【4】お買い求めの店名を教えてください。

【5】本書についてのご意見、ご感想をお聞かせください。

●ご記入のご感想を、広告等、本のPRに使わせていただいてもよろしいですか。
□に✓をご記入ください。　□ 実名で可　□ 匿名で可　□ 不可

「わてらナマコの皮膚は、硬さを自由に変えられる〝キャッチ結合組織〟いう特別なものでできとるんやで、わての皮膚はとくにその特徴が出てるんやで。**この皮膚は一部が失われても再生できるんや。**この特別な能力を使って、わてらは身を守ったりもしてるんや。

ぼっちゃん、わては体がもとに戻るまで、安全な場所で休んどるさかいな。わてのことは心配せんでええで。大きな巻貝には十分気をつけなはれや」

「シカクナマコはんお大事にな。養生なさっておくれやす」

クロナマコとぼっちゃんは、サンゴ砂が多く積もった場所へ向かって歩きはじめました。

シカクナマコの刺激に対する融解と再生、皮膚の切り離し

シカクナマコの融解と再生の実験

沖縄の海など亜熱帯の海の比較的浅い場所に生息するシカクナマコは、手でもみほぐすなど物理的な刺激を与えるといったん硬くなります。それでももみほぐしていると、今度は体がドロドロに溶けてしまいます。ストレスを引き起こす外部環境からの刺激である〝ストレッサー〟に対する反応として、緊急反応を示し、いったん抵抗し、それでもス

トレッサーが続くと病気になったり、不都合が生じ、場合によっては死んでしまうという、セリエの汎適応症候群《はんてきおう》※をわかりやすく見せてくれるナマコです。溶けてもとに戻るようすの実験を、写真といっしょに見てみましょう。

① まず1匹のシカクナマコを手で持ちあげます。シカクナマコは体を硬くして身を守ろうとします【1】。

② シカクナマコを両手で持って、ダイナミックにぐにゃぐにゃと折り曲げるような刺激を加えます。シカクナマコは抵抗し、ますます体を硬くします。硬くなっているのは皮膚(真皮)です。シカクナマコは〝キャッチ結合組織〟という硬さを自由に変えられる結合組織でできた分厚い真皮をもっています。

③ 少し抵抗が弱まり柔らかくなってきたら、おむすびを握るようにシカクナマコを手の中でもみほぐします。すると、あっという間にドロドロに溶けはじめます【2】。表面をなでるような溶かし方をすると、黒い表皮のみが剝がれてシカクナマコは真皮のみの白いナマコになってしまいますので、注意してください。時間をかけずにダイナミックに刺激を与えるのがコツです。
柔らかくなってくると、ナマコの体が破れて穴が開き、そこから黄色っぽい内臓が出

シカクナマコの融解と再生の実験

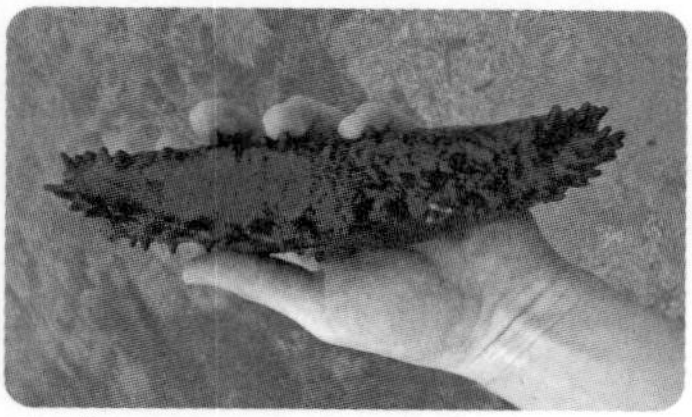

【1】つかまえられたシカクナマコは身を守るために体を硬くした

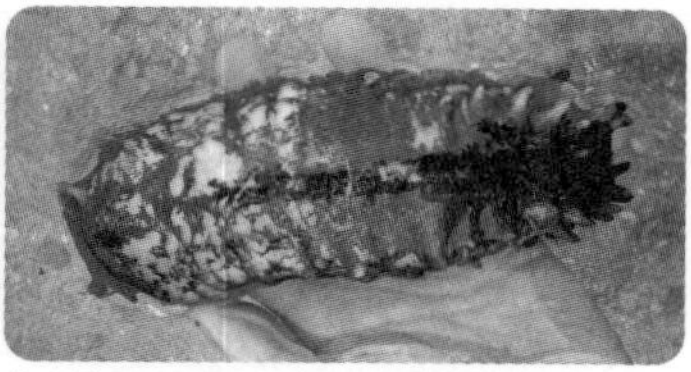

【2】もみほぐしつづけると体が柔らかくなってきた

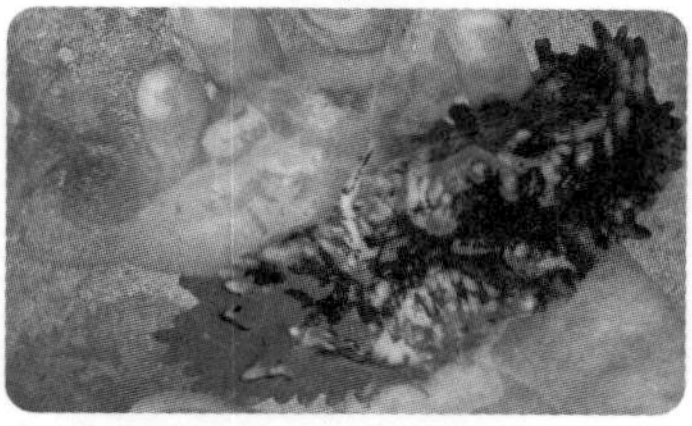

【3】体の壁に穴が開き、消化管と呼吸樹を主とする内臓が出てきた

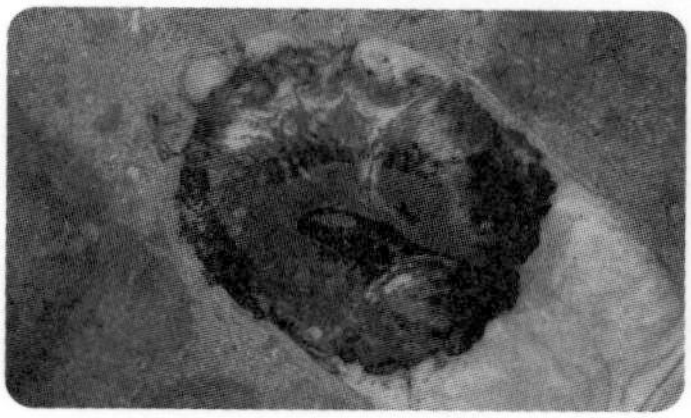

【4】丸めるように刺激をさらに与えるとさらに柔らかくなった

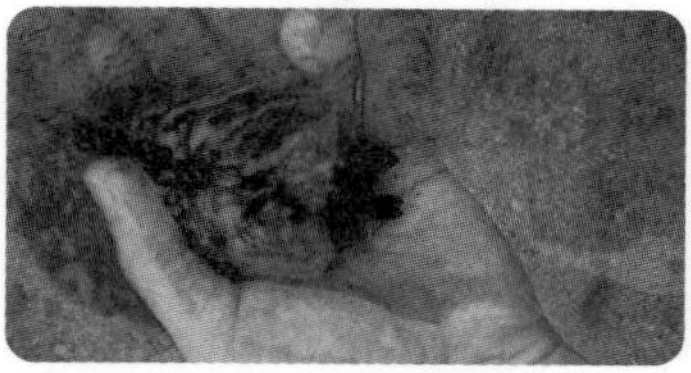

【5】体が溶けはじめたとき、お尻からカクレウオが出てきた

【6】形がなくなり溶けた状態

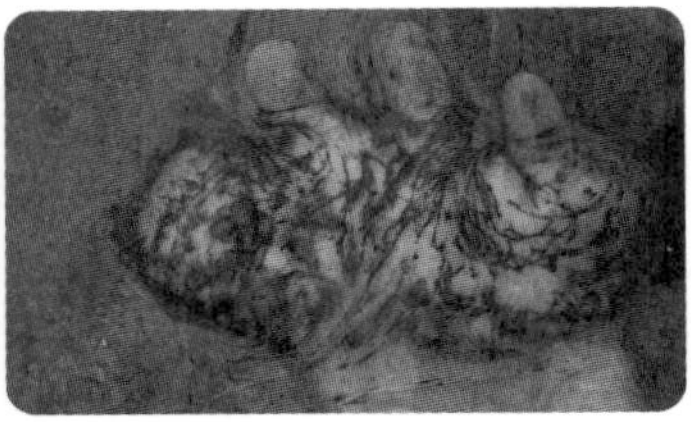

【7】そっと海へ戻す

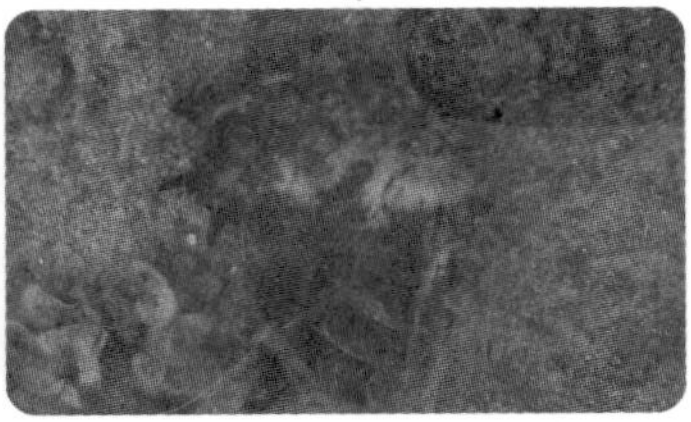

【8】形をさっそく整えはじめた

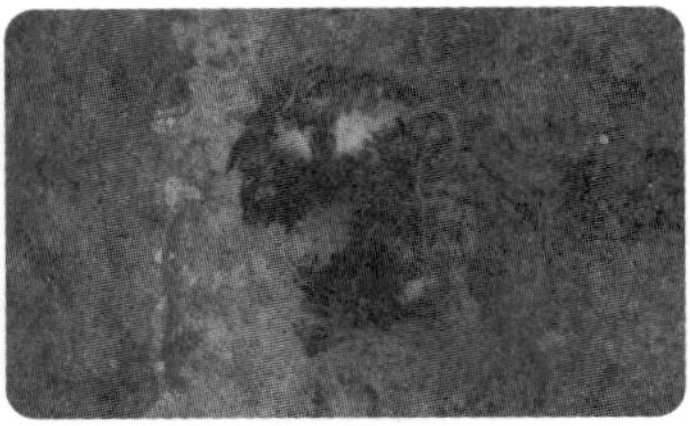

【9】のけぞって体の形を整える

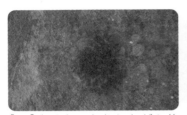

【10】丸くなったりしながら体の形を整えつづける

【11】完全に体は治っていないが、歩きはじめた

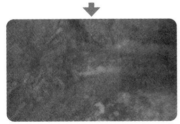

【12】少し深いところにある岩の間に身を潜め、動かなくなった

てくることもあります【3、4】。また、消化管、呼吸樹の管の中にカクレウオという魚がすんでいることがあり、ナマコの体に空いた穴やお尻の穴からカクレウオが飛び出てくることもあります【5】。

④ ドロドロに溶けたシカクナマコ【6】を海にそっと戻します【7】。体の形を整えるようすを観察します。溶かし方にもよりますが、15分くらいで溶けた体の形を整え【8、9、10】、歩きはじめます【11、12】。

私はナマコについて子どもたちに話すときに、実際にシカクナマコをもみほぐして溶かしてもらい、生物にストレッサーを与えるとどのように反応するかを体験してもらいます。そして、自分にも他人にも、シカクナマコが溶けるような過度なストレスを与えないように生活するようにお願いしています。

友だちとけんかするときも、相手を壊すまでやってはいけません。体を硬くして抵抗できるくらいのストレスなら、ストレッサーがなくなればすぐにもとに（健康に）戻れますが、体が溶けるような過度なストレスを与えると、体の形が壊れ（健康を害し）、回復するのに時間がかかることになります。適度なストレスは時として必要ですが、限度を超えたストレスは避けて、健康に生活していただきたいと願います。

シカクナマコをもみほぐして溶けるようすを観察している子どもたち

※（注）セリエの汎適応症候群

カナダの生理学者、ハンス・セリエ（1907〜1982年）は、ストレッサーを「ストレスを引き起こす外部環境からの刺激」と定義し、ストレス学説を唱えました。とくに、ストレッサーに対する生体の反応を3段階（警告反応期、抵抗期、疲憊《ひはい》期）に分けて説明しました。[60,61]

警告反応期：ストレッサーに対する警報を発し、ストレスに耐えるための準備をする緊急反応の時期。

抵抗期：ストレッサーへの適応反応ができ、ストレスに耐えられている時期。

疲憊期：長期間にわたって継続するストレッサーに対抗できなくなり、ストレスに負けはじめる時期。

（シカクナマコの場合、警告反応期は触手をしまい、体型を変え皮膚を硬くする、抵抗期は皮膚を硬くしつづける、疲憊期は溶けはじめる、に該当するでしょうか。）

シカクナマコの刺激に対する融解と再生（2匹の場合）

2匹のシカクナマコをいっしょに溶かしてくっつけたら、1匹の大きなシカクナマコに再生するのでしょうか。疑問に思ったら実験してみることです（写真は次ページ）。

① まず2匹の小さめのシカクナマコを用意します【1】。
② 2匹を同時にもみほぐして柔らかくします【2】。
③ 溶けて柔らかくなった2匹のナマコでひとつのだんごをつくるようにもみほぐします【3】。
④ 海にそっとシカクナマコを戻します【4、5、6】。

結果としては、2匹のシカクナマコを溶かしてくっつけても大きなシカクナマコ1匹にはなりませんでした。他人同士は溶けても混ざらないようです。では、1匹のシカクナマコを先のマナマコのように頭とお尻に切り分けて、それぞれ2匹のシカクナマコに完全再生させたあとで、同じように2匹をもみほぐして溶かして、ひとつに丸めて海に返したら

2匹のシカクナマコの融解と再生

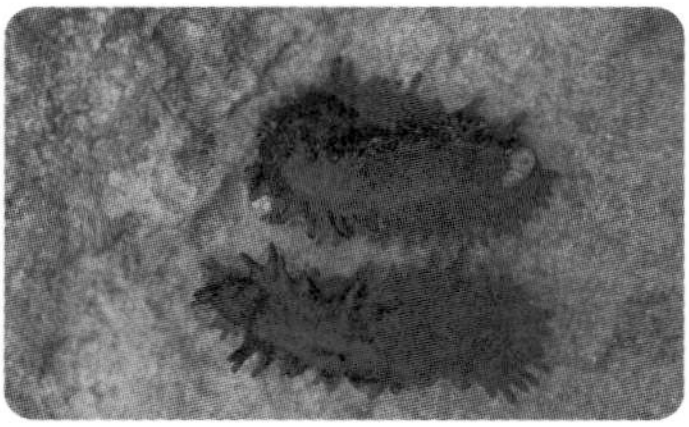

【1】２匹のシカクナマコ

【2】柔らかくなった２匹のシカクナマコ

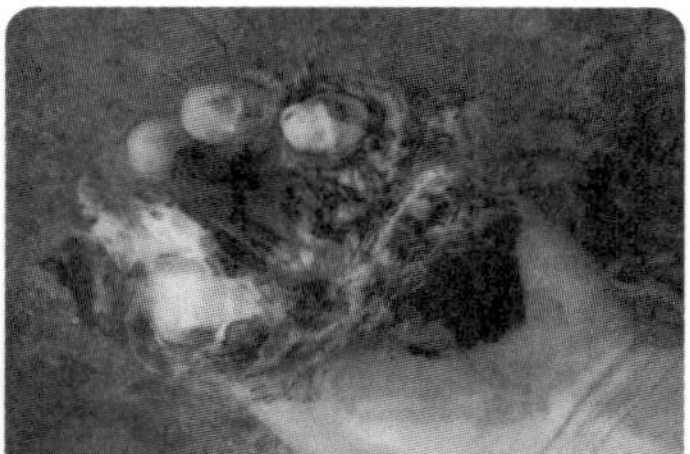

【3】２匹のシカクナマコをひとつのだんごのように丸めてくっつける

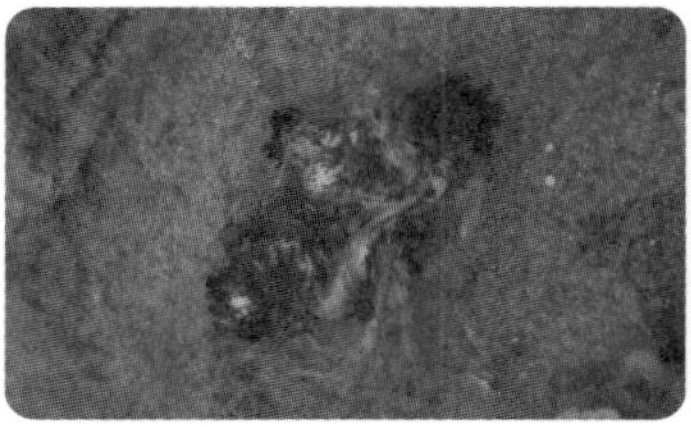

【4】海底にたどりついた頃には２匹に分かれはじめた

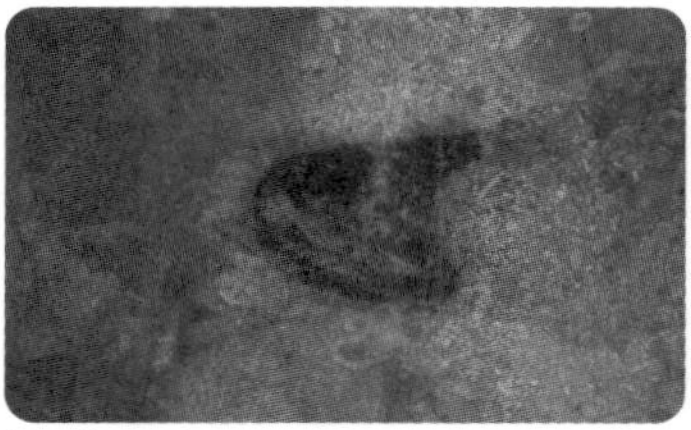

【5】海底で２匹は動き、形を整えはじめた

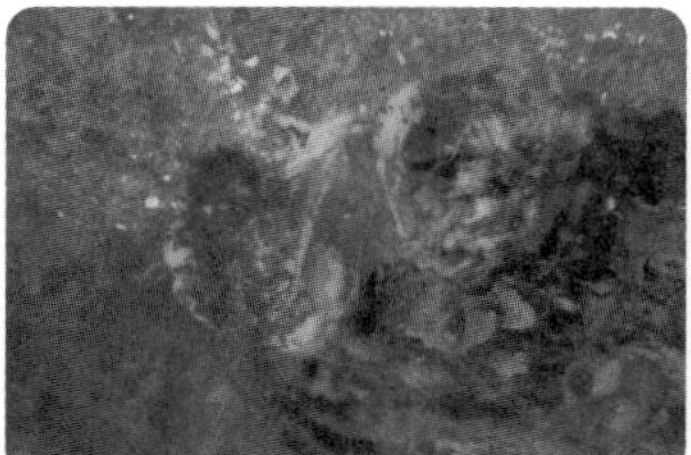

【6】体の一部を落としながら２匹のシカクナマコは海底の安全な場所を目指して歩きはじめた

どうなるでしょうか？　2匹に分かれるでしょうか、それともひとつになるでしょうか？自然な状態では、いったんふたつに分かれるとひとつにはならないようです。

ナマコをふたつに切るなんて残酷だと思う人もいるかもしれませんが、じつはシカクナマコは、自分で体の真ん中をくびれさせて頭とお尻が反対方向に歩き、ふたつのナマコに分裂して増えることができます。シカクナマコには雄と雌があり、有性生殖もできるのですが、自分で自分の体を切って仲間を増やす無性生殖もできるのです。[3]

オニイボナマコの観察では、多くの場合、頭とお尻が逆方向にねじれる形で分裂が始まり、前後に引き伸ばされて中間部がちぎれるまで頭とお尻が反対方向に移動するようで、この間5分程度しかかからないそうです。[1]　ナマコを1匹しか飼っていなかったのに、いつの間にか2匹になっていたということが起こります。クロナマコ[3、62]やニセクロナマコ[1、3]も自分でふたつに切れて仲間を増やせるようです。　2月頃に石垣島の離島でいつもより短いクロナマコを多く見かけることがありますが、おそらく自分で分裂して増えたものと思われます。

シカクナマコの皮膚の切り離し

シカクナマコを急につかむと、皮膚の一部が硬いまま一気に剝がれることがあります。

シカクナマコを急につかんだらその部分の皮膚を一瞬にして剥がした

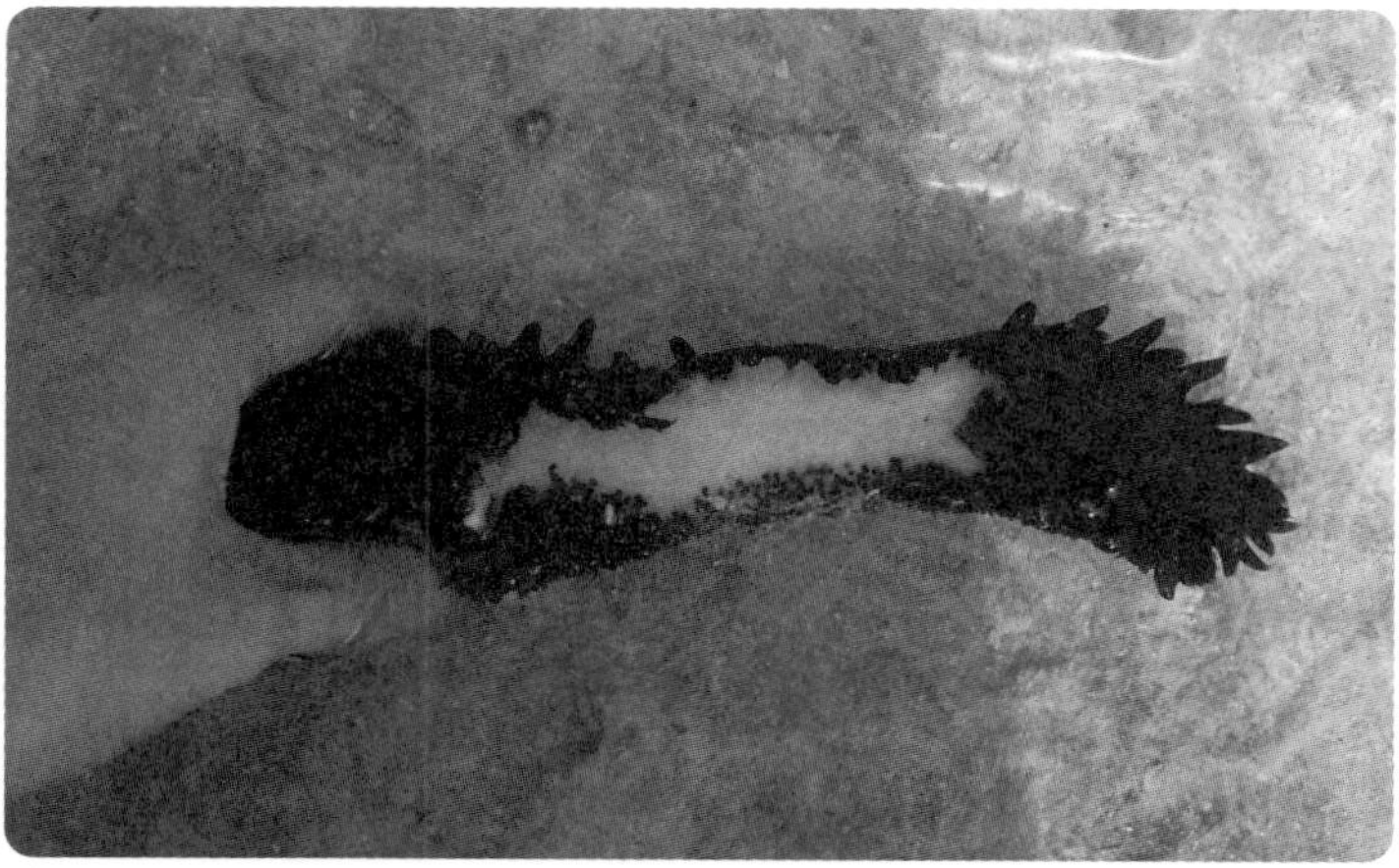
残されたシカクナマコ本体。剥がれた皮膚の部分に白く見えるのは真皮

これは、シカクナマコの防衛手段のひとつで、大きな巻貝（ウズラガイ）などの外套膜によりナマコが取り押さえられた際に、その部分の皮膚を瞬時に切り離して、切り離した部分を食べさせて本体は逃げるのに役立ちます。[3]

体壁に穴をあけずに上手に上層の表皮と真皮をあわせて剥がします。これは、切り離したい部分の真皮の硬さを自由自在に変えることのできる〝キャッチ結合組織〟のなせる技です。

切り離した部分はまた再生できます。自分で自分の体の一部を切ることを自切《じせつ》といいます。ナマコが、ストレスがかかると内臓を切り離してお尻から放出するのも、自切です。このような性質を生かし再生力を高めることで、ゆっくりとしか動けないナマコはたくましく生存しているのです。

ジャノメナマコもねばねば攻撃

蛇の目の模様が背中にたくさんある大きなナマコが寝転んでいます。

「**ジャノメナマコ**はんが昼寝してはるわ。見てみなはれ、お尻には5本の歯がついてま

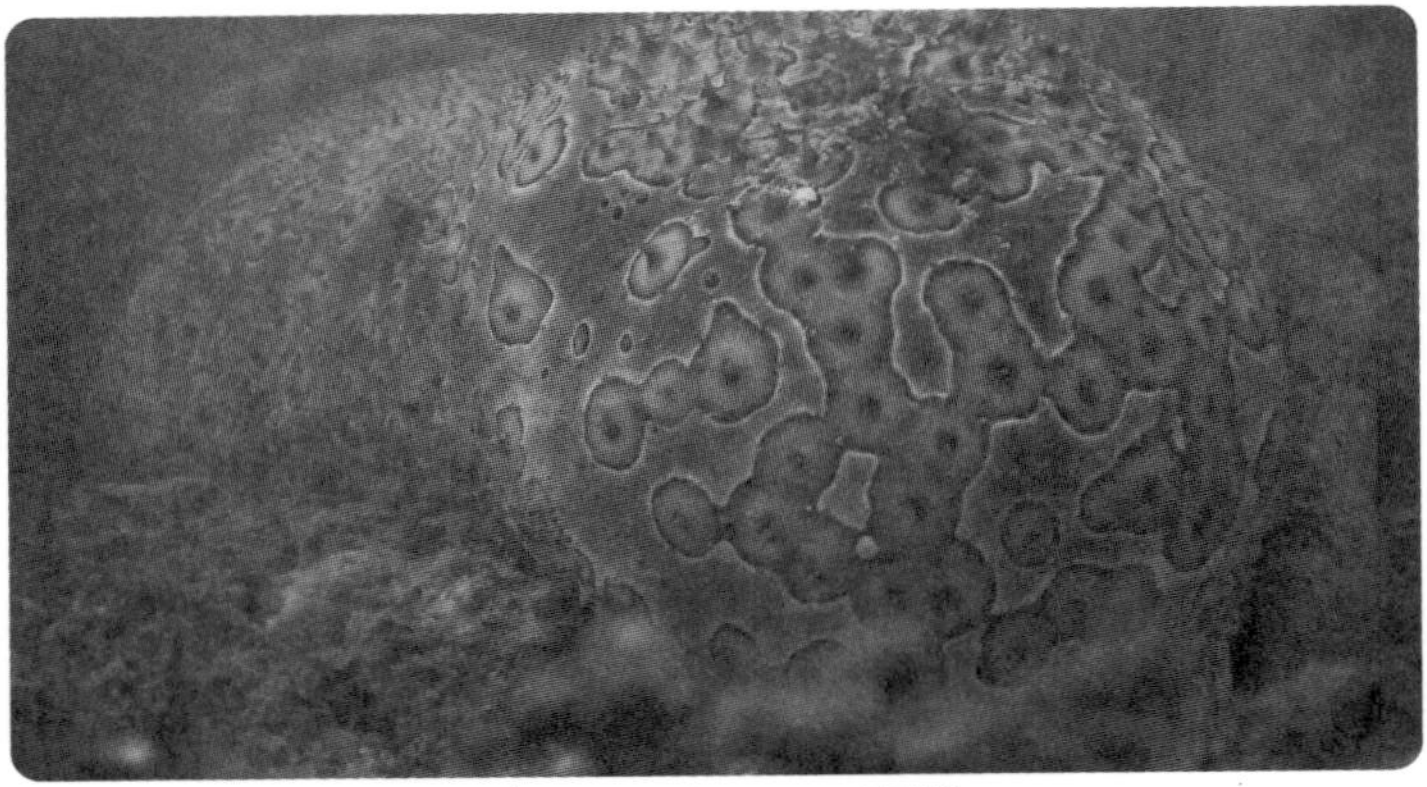

ジャノメナマコの頭部

すねんで。お尻の穴を広げたりすぼめたりして大きく息をして、すやすや寝てはるわ。ぼっちゃん、お尻のほうへあんまり近寄ったらあきまへんで、ジャノメナマコはんはニセクロナマコはんのようなキュビエ器官をもっているさかい。気をつけんと、またねばねばの白い糸をかけられて身動きできへんようになりますえ」

「今度は気をつけるさかいな。でもなんか、やっぱり白いの少し出てきよるで、危ない。危ない」

寝ぼけたジャノメナマコは何かそばに近寄ってきたのを感じたのか、キュビエ器官を放出する準備をしているのか、お尻の穴から白い糸が少し出はじめました。

ねばねばの正体、キュビエ器官

ジャノメナマコは、手で持つなどするとストレスを感じてお尻の穴から白いねばねばした糸のようなものを出します。これは「キュビエ器官」といい、ナマコの防衛に役立ちます。このキュビエ器官には多くの場合、魚に対して毒性のあるサポニンが高い濃度で含まれます[23]。サポニンの種類と濃度はナマコの種類やナマコの器官部位によって異なり、通常、種ごとにほかの種と共通のもの、または種に特徴的な何種類かのサポニンをそれぞれ組み合わせてもっています。キュビエ器官は内臓の一部ですが、肛門の近くの呼吸樹《こきゅうじゅ》の基部から自切《じせつ》し、お尻の穴から放出してなくなっても、またつくることができます[1]。コットンスピナーと呼ばれるナマコを用いた研究では、キュビエ器官を多く放出して失った場合、すぐに再生が始まり再生が完了するまで5週間かかるという報告があります[63]。

キュビエ器官はとくに海水中で粘性を発揮し、いろいろなものにくっついて始末に負えません。しかし水道水など真水で洗うと、比較的容易に取れます。海水中でカニなどがこれにからまると、かなり大変だと思います。

キュビエ器官を出す前の海底のジャノメナマコ（亀田和成氏撮影）

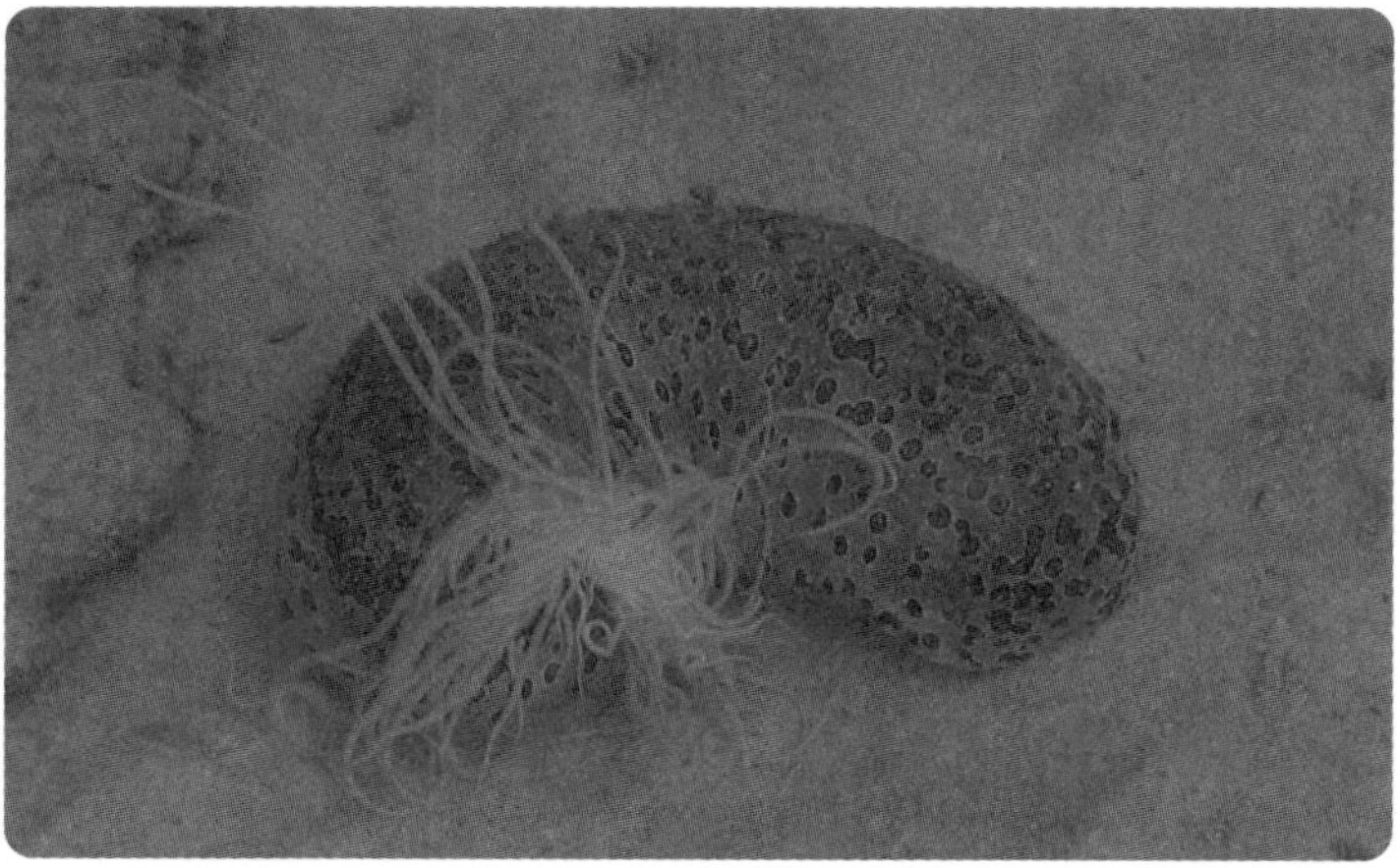
キュビエ器官をお尻の穴から放出するジャノメナマコ（亀田和成氏撮影）

ナマコは快適物件

「静かにな、静かにな、ジャノメナマコはん、寝起きで機嫌が悪うなったら大変やさかいな。静かに、静かに」

何やらジャノメナマコのお尻の奥から、生き物がぼっちゃんたちを見ています。

「ばあ～！　お尻の穴から飛び出て、じゃじゃじゃじゃ～ん！」

ジャノメナマコのお尻の穴から透明な細長い魚が躍りでてきました。

「うわ～！　なんやねん。ジャノメナマコはんのお尻の穴から何か生き物が出てきよったで！　びっくらこいたわ～、腰抜けたわ！」

「わての名前は、**テナガカクレウオ**（*Encheliophis homei* (Richardson, 1846)：条鰭綱《じょうきこう》、アシロ目、カクレウオ科）いいまんねん。ここはわてのお家でっせ。何か用どすか」

「**ナマコのお尻の中にすんではる**ん。ずいぶん変わったところにすんではるんやね。居心地はどないですの？」

「ええに決まってるがな。わては魚のくせに泳ぎはさほどうまくないねん。外でふらふらしよったらほかの大きな強い魚に食べられてしまうわ。けど、ナマコのそばにおったら安全なんやで。ナマコの体の中にはホロスリンなどの魚毒があって、たいていの魚はナマコを避けてはるから、ほかの魚に襲われることも少ないんや。それに敵がやってきてもナマコのお尻の穴に逃げこんでしまえば、ナマコはお尻の穴をふさいで体を壁のように硬くするさかい、中には敵は入ってこれへんからますます安全ですがな。

しかもナマコはゆっくりやけど歩けるさかい、わてはお尻の穴の中で寝てるだけで移動もできるがな。わてはときどきナマコのお尻の穴から出て食事するだけで安心して暮らしていけますねん。なかには数匹の家族ですんではるところもあるねんて」

「なんやお客さんかいな、テナガカクレウオはんのお友だちでっか？」

先ほどまで寝ていたジャノメナマコが目を覚ましたようです。

クロナマコはジャノメナマコのほうへゆっくり歩いていきました。

「おひさしぶりやで、アルマータ姉さんのお連れはんやで、少し前に、ニセクロナマコはんのお尻に近づいたら間違ってキュビエ器官かけられはって、えらいめにあったぼっちゃんやで。今度は気をつけはったけど、あんさんのお尻の下宿魚のテナガカクレウオはんが急に出てきて腰をぬかしはったんどす」

「そうやったんかいな。わてもう少しで寝ぼけてキュビエ器官を出すところやったで」

「はじめまして、ジャノメナマコはんはお尻の穴で息してはるんやろ。テナガカクレウオはんがすんではったら苦しくないんかいな。それにお尻の穴くすぐったくないの？」

「ぼっちゃん、わては皮膚でも呼吸できるさかい、さほど苦しくはないんやけど、お尻の穴はときどきくすぐったいわ。けどわてのお尻の穴をカクレウオはんは上手にくすぐりながら入らはるんで、思わず笑いながら入れてしまうわ。それにお尻の穴に栓をするわけやないさかい、大丈夫やわ」

「ジャノメナマコはんは、カクレウオはんがお尻の穴の中にすんでいて何かいいことあるんかいな。家賃でももろうてはんの？」

「とくにこれといったええことはあれへんけどな。家賃もないし。ときどきお尻のあたりの留守番をしてくれることくらいやろか。わてが気がついてないんかもしれへんけど」

「へえ～家賃がタダやなんて気前ええんやなあ。ジャノメナマコはんは」

「わてだけやあらしまへんで、カクレウオはんはシカクナマコはんやバイカナマコはんのお尻にも、すんどることとありまっせ」

「へえ～そうかいな。さっきはシカクナマコはんにはいてはらへんかったなあ。ところで、カクレウオはんはなんで、魚に毒があるナマコの中で、しかもキュビエ器官といっしょにすむことができはりますの？」

「わては多くの粘液で体が守られてまんのや。せやから、ナマコの中でも毒にやられんと暮らしていけるんや」

「へえ〜そうやったんかいな。毒防御粘液ですかいな。すごいなあ」

「さあ、ぼっちゃん、もう少し浅いところに行ってみようか」

「ジャノメナマコはん、テナガカクレウオはん、楽しかったわ、おおきに」

カクレウオはジャノメナマコのお尻から顔を出してヒレを振っています。ジャノメナマコは体を曲げて、頭をぼっちゃんに向けて触手を振っています。

カクレウオとの共生

魚毒を多くもつキュビエ器官が放出されるナマコのお尻の中にも、カクレウオがすんでいることがあります。1匹だけでなく数匹すんでいることもあります。カクレウオはサポニンに対する防御策（多くの粘膜）をつくることでナマコの毒にやられることなく[64]、ナマコのお尻の中を家として、ほかの魚などから襲われることなく安全に暮らしています。

ナマコの中にどう入るのかというと、カクレウオはその細い尾をナマコのお尻の穴に入れて、ナマコの呼吸にあわせてバックしてナマコのお尻の中へ入るようすが多く観察され

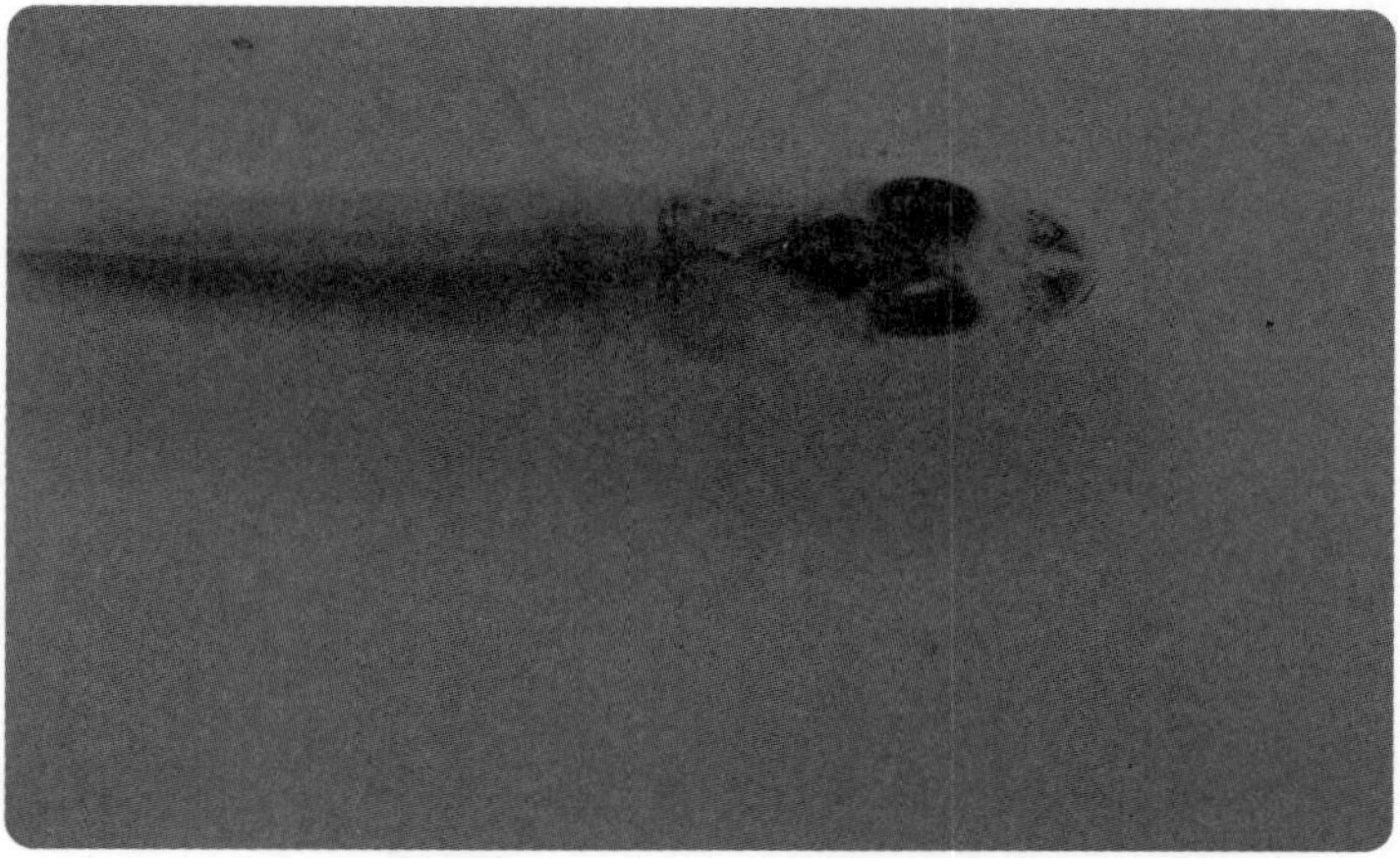

テナガカクレウオ（頭部）。体が透明で、脳や血管、心臓などが体表から透けて見える

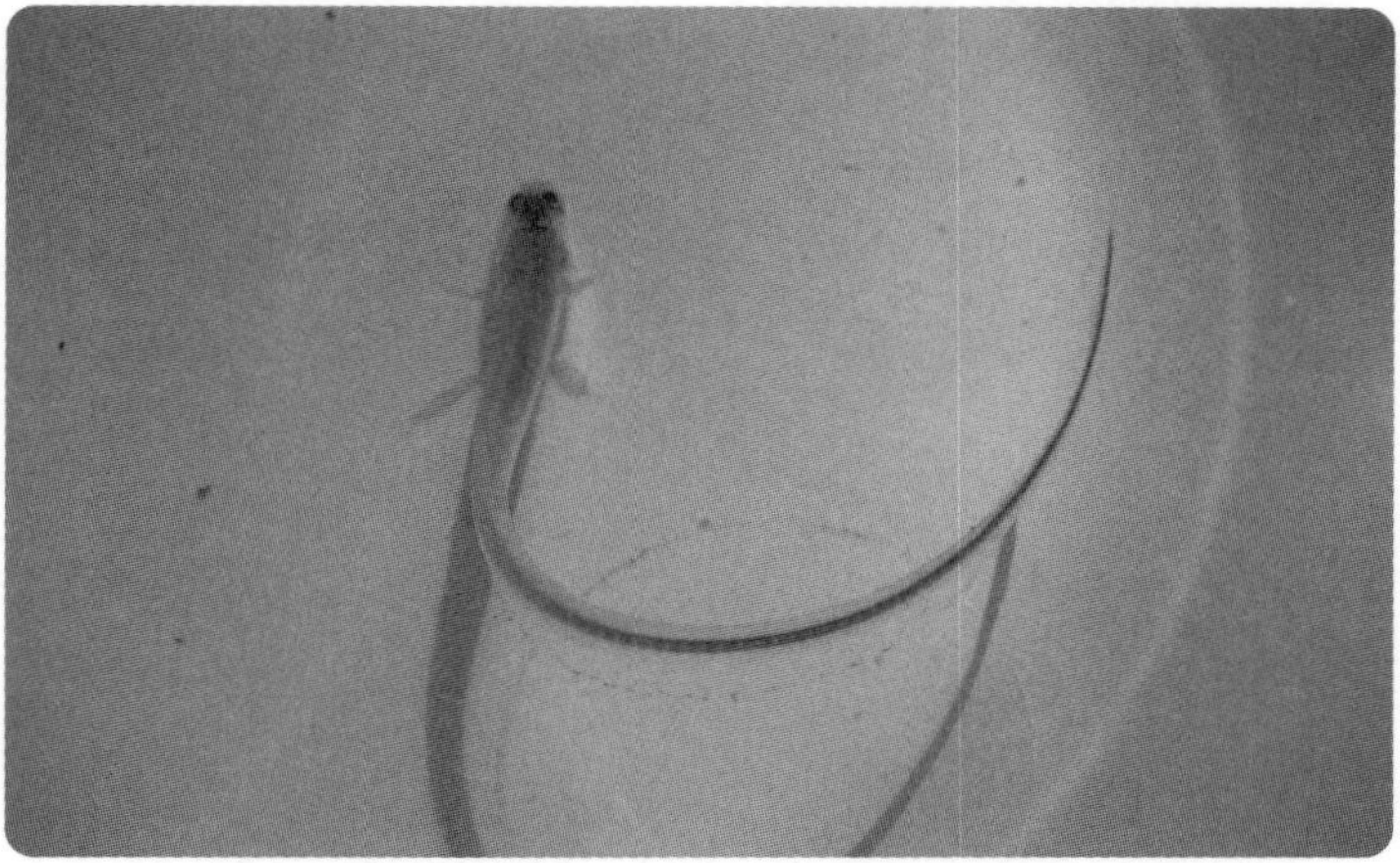

テナガカクレウオ（全体）。背骨も透けて見えている

ています。頭から入ることもあります。

そのほか、ナマコには小さな貝やカニなどがすんでいることもあります。

ウミヘビのようなオオイカリナマコ

底にサンゴ砂がたくさんあるところへやってきました。先を歩いていたぼっちゃんが大慌てで走って戻ってきます。

「ウミヘビや！　ウミヘビやで！」

「ぼっちゃん、どないしはったんや。こんなところにウミヘビなんかいてはりしまへんえ」

おそるおそる進んでみると、黒とベージュ色のしましまの長いものがとぐろを巻いて横たわっています。

「なんや、ぼっちゃん、これはウミヘビちゃいますで。**オオイカリナマコ**（*Synapta maculata* (Chamisso & Eysenhardt, 1821)：ナマコ綱《こう》、無《む》足目《そくもく》、イカリナマコ科）はんやで」

「なんや、騒がしいがな、昼寝もできへんで」

オオイカリナマコは3ｍにもなる長い体を伸ばして、15本の触手を動かしながら、まるで長い電車がゆっくり動くように這《は》ってこちらにやってきました。

「オオイカリナマコはんでしたか。ウミヘビかと思ってしもうてびっくりしたで」

「わて、ようウミヘビに間違われるんや、気にせんでええて」

「オオイカリナマコはん、こんにちは、こちらはアルマータ姉さんのお連れはんのぼっちゃんやで、とんだお騒がせをしてしもうて、昼寝のじゃまをしてしもうたわ。堪忍しておくれやす」

「オオイカリナマコはんの体は長いんやなあ。長すぎてこんがらがらへんの？」

「ぼっちゃん、失礼なこというたらあかんで」

「こんがらがってても大丈夫やで」

「ほな、お願いがあるんやけど」

「なんやねん。言うてみんかいな」

「ほんま？　じゃあ、言うで。オオイカリナマコはんの長い体に結び目ができたら、どないなるの？」

「どないなるて、結び目なんかできたことあらへんさかいな。やってみようか。少し手を貸しなはれや」

　オオイカリナマコは長い体を上手に動かして、結び目の形をつくりました。

「ぼっちゃん、わての頭をこの輪の部分に通しておくれやす。そうしたら一重結びができますさかいな」

「ほな失礼しますで、あっ痛！　何か引っかかったで」

「すまんすまん、それはわての皮膚にたくさん入っとる骨片《こっぺん》や。錨の形をしとるさかい、引っかかるんや。わてはクロナマコはんのような管足《かんそく》がないさかい、この骨片が滑り止めになって歩けますのや。毒はあらへんけど向きによっては刺さりますよって、気をつけなはれや」

「なんや、そうかいな。チクリとしたからびっくりしたわ。ほな気をつけて結ばせてもらいまっさ。さあ、体の真ん中に一重結びができましたえ」

「よっしゃ、ほどいてみよか。よっしゃ、よやっしゃ、ほどいてみよか」

　オオイカリナマコは、ゆっくりと前へ動きはじめました。すると結び目はどんどんお尻のほうへ動いていきました。

「結び目がどんどん後ろへずれていってますで。すごいわ、すごいわ。あ〜、もうすぐお尻の先まで結び目がやってきたで。あ〜、ほ、ど、け、た〜。

すごいわ、オオイカリナマコのおっさん、結び目、見事にほどきはったわ」

「どや、これでええか」

「二重結びにしたら、どないなるん？」

「ぼっちゃん、オオイカリナマコはんに失礼なこと言いなはんな」

「ええで、やってみようか。またさっきと同じように結び目をつくってくれへんか、ほらよ」

オオイカリナマコはまたさっきと同じよう体をくねらせ、二重結びの形をつくりました。

「ぼっちゃん、ここの輪に2回、わての首を通してくれへんか」

「骨片がチクリとせんように気をつけんとな。よいしょ、よいしょ。できたで二重結び。ほどきやすいように頭の近くにつくったで、ほな、頼んまっさ」

オオイカリナマコは動きはじめ、結び目も動きはじめました。

「オオイカリナマコのおっさん、結び目がお尻に向かって動いてはるで」

「それがどないしたん」

「頭のほうに結び目を動かしたほうが、早くほどけるで」

「ぼっちゃん、わて、それできへんねん。わて前向きやさかい、逆方向に結び目動かすことできまへんのや。見てみなはれ、お尻のほうへどんどん結び目が動いていきよりますやろ」

「ご苦労なことやで、頭の下からお尻の先まで二重結びを移動しはったで」

「ぼっちゃん、前向きに限るで。どんな難問も少しずつ前向きに解いていったら、そのうち必ず解けるんや。それでええやん」

「そやね。前向きならいつかは解けるんやね。ええこと教えてもろうたわ。おおきに」


オオイカリナマコは自分の結び目をほどけるか

ウミヘビのように長いオオイカリナマコ

オオイカリナマコは沖縄など暖かい海の比較的浅いところ、クロナマコやシカクナマコをよく見かけるところに生息しています。海の中を歩いていて、とぐろを巻いたオオイカリナマコに出くわすとギョッとします。シュノーケリングをしている人がオオイカリナマコを見て、ウミヘビと思ってびっくりして溺れかけるということも聞いたことがあります。

オオイカリナマコは触手を動かして海底の泥を口にかきこみながら、よく歩きます。2m近くになるものも多くいて、長くなって海の底を這っているさまを見るとヘビに見え

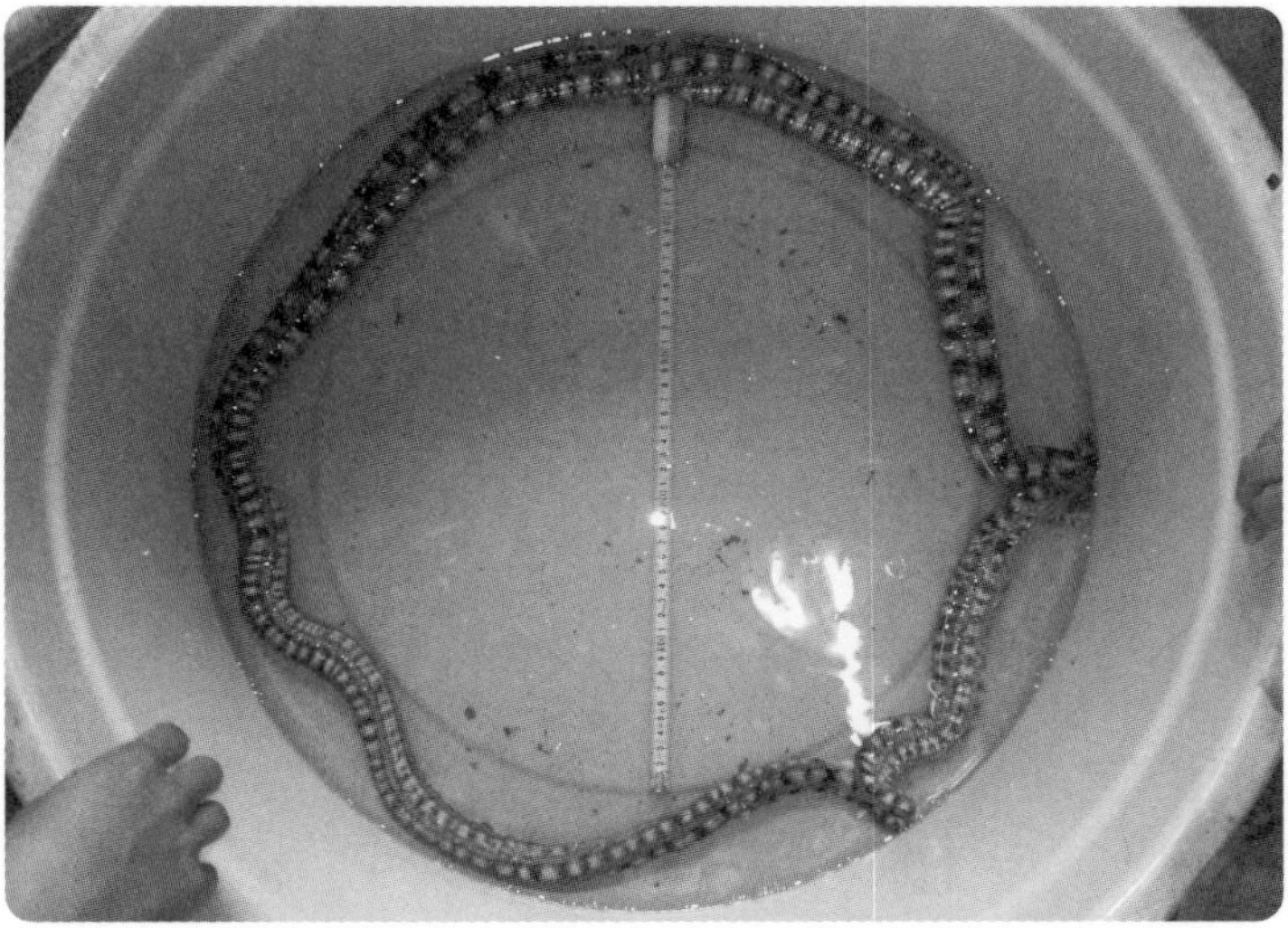
オオイカリナマコ。たらいの直径は50㎝くらい。オオイカリナマコの長さは1.5mを超えている

てしまい、見慣れていてもやはりギョッとします。でも安心してください。オオイカリナマコは噛まないし毒もありません。ただし皮膚に錨型の骨片をたくさんもっていて（↓46ページ）、持つと手にチクリと刺さります。腕に巻きつけた状態で引っ張ると腕に引っかき傷ができて血が出ることもあります。優しく手ですくうように持って、急に動かしたりしないと素手でも大丈夫ですが、手袋をして持つとより安全です。

この錨型の骨片は、吸盤のついた管足をもたないオオイカリナマコが海底を這ったり、流されないように体を何かに固定する際にスパイクや錨のような役目を果たすようです。
たらいの直径は50㎝くらいです。オオイカリナマコの長さは1・5ｍを超えています。
これだけ長いともつれないかと心配になります。では、もつれた場合オオイカリナマコはどうするのでしょうか？　3段階の難易度をつけて、以下の3つの実験してみました。
（2007年1月23日の実験）

実験1：オオイカリナマコの体の真ん中で一重結びをしたらどうなるか？

まず体長120㎝のオオイカリナマコが体の真ん中（頭から60㎝）の一重の結び目をほどけるかどうかを試してみました。結果は、5分32秒で結び目を尾のほうへ上手に移動させてほどくことができました。1分間に約10㎝結び目を動かしたことになります。

実験2：オオイカリナマコの体の前方で一重結びをしたらどうなるか？

頭の近く（先端から20㎝）に結び目をつくり、要領よく頭のほうから結び目をほどけるかどうかです。結果は、オオイカリナマコは頭のほうから結び目をほどかず、約27分かけて尾まで結び目を移動させて、ほぼ結び目をほどきました。オオイカリナマコは前方に移動することで結び目をほどくのです。これにより、オオイカリナマコは前には進めても

実験１：体の真ん中で一重結び

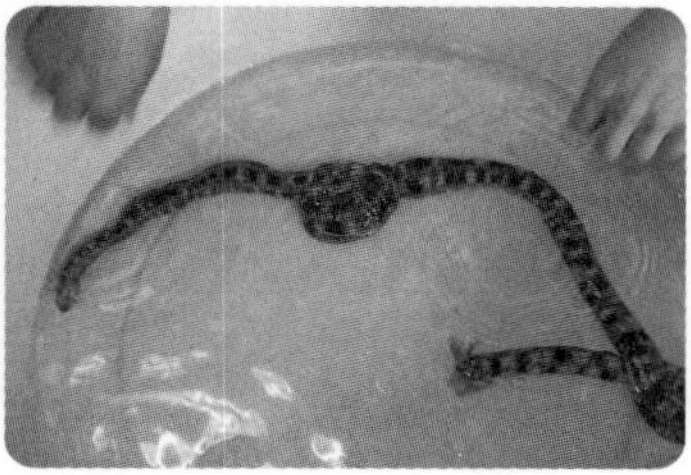

開始

１分10秒後

１分52秒後

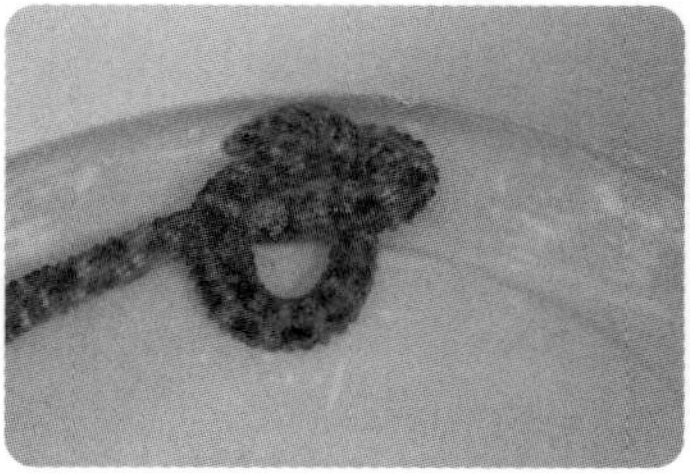

３分18秒後

３分56秒後

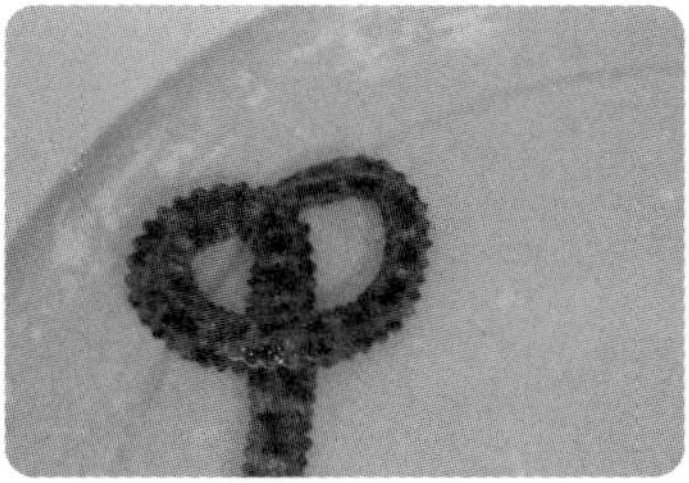

５分32秒後

実験２：体の前方で一重結び

開始

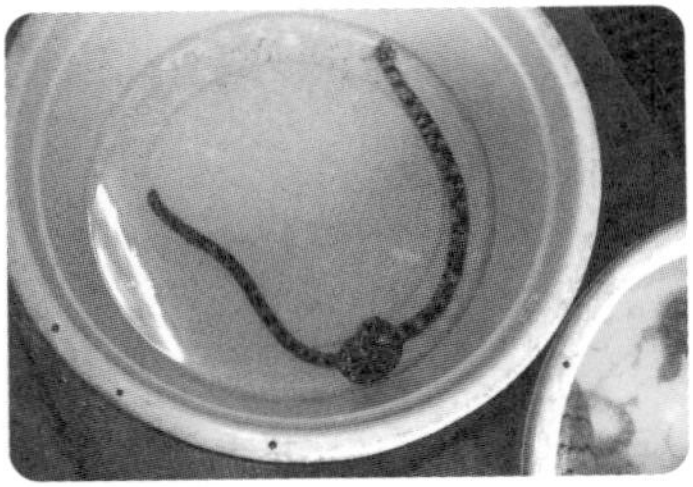
４分４秒後

５分48秒後

６分４秒後

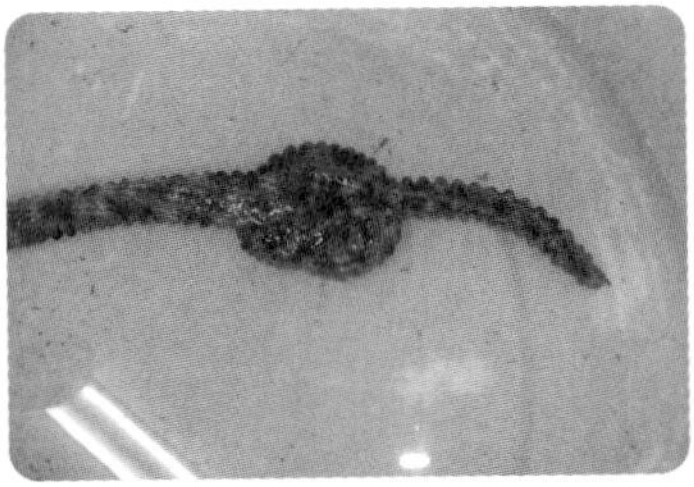
７分58秒後

８分58秒後

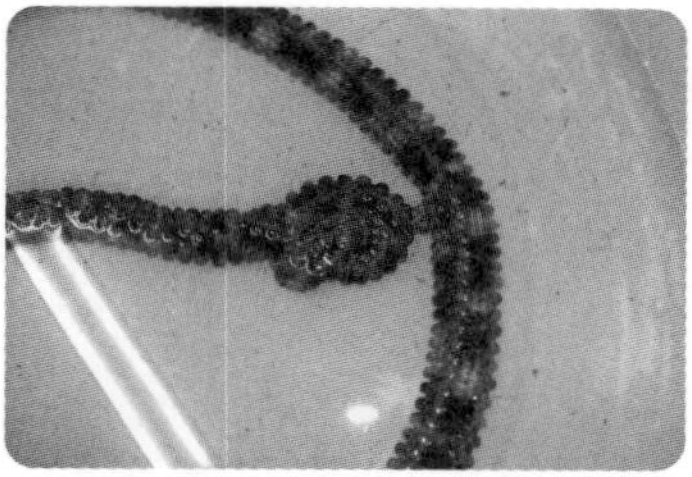
22分32秒後

23分52秒後

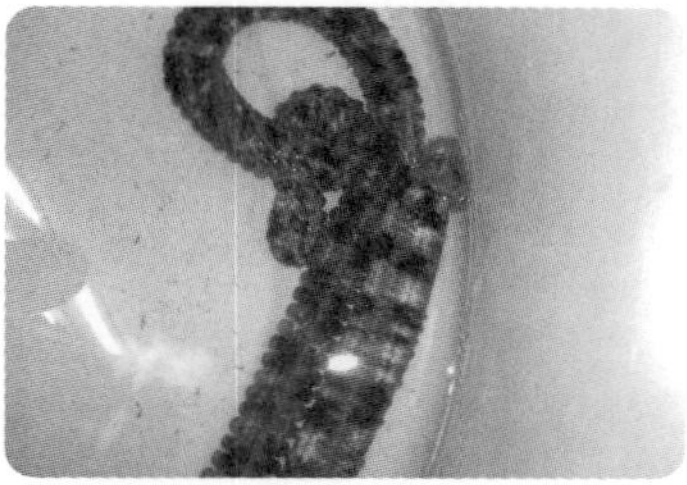
27分02秒後

バックはできないのかもしれないという仮説が立てられました。

実験3：オオイカリナマコの頭のすぐ後ろで二重結びをしたらどうなるか？

難易度を上げ、頭のすぐ後ろにつくられた二重結びをほどくことができるかどうかです。前にしか進めなければ、やはり実験2と同じように結び目を後ろに移動させてほどくはずです。二重結びはどうでしょうか。結果は、約44分間かかり、結び目を遠い尾までもっていって、ほぼほどきました。一重結びと比べ時間はかかりましたが、無事ほどくことができました。また、一重結び、二重結びも5分くらいで結び目をかなり尾のほうまで移動さ

実験3：頭のすぐ後ろで二重結び

開始

1分38秒後

4分40秒後

15分4秒後

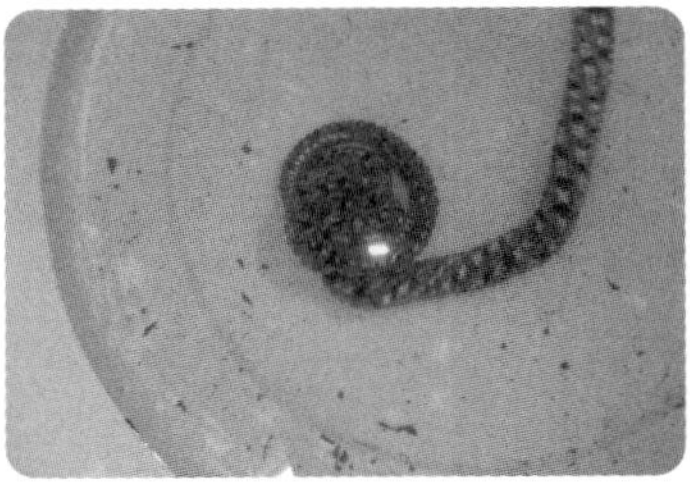
18分24秒後

43分46秒後

せています。

★ナマコの人生ワンポイントレッスン★

要領悪くても　あきらめず　前へ進んでいたら　いつかは　難問も解けるときが来る！

コッペパンのようなハネジナマコ

オオイカリナマコに遊んでもらったぼっちゃんたちがしばらく行くと、パンのようなものが海底に落ちているのが見えました。

「わあ〜おいしそうなコッペパンやで」

「パンやないで、**ハネジナマコ**（*Holothuria* (*Metriatyla*) *scabra* Jäger, 1833：ナマコ綱《こう》、楯手目《じゅんしゅもく》、クロナマコ科）いいますねん」

「ナマコさんかいな。てっきりパンかと思ったで」

クロナマコがあとからやってきました。

「ハネジナマコはんやないの。最近見かけんかったけど、みなはんどないしはったん」

「最近ナマコを食べる人が増えてなあ、漁師などの人間がぎょうさん海へやってきて、わ

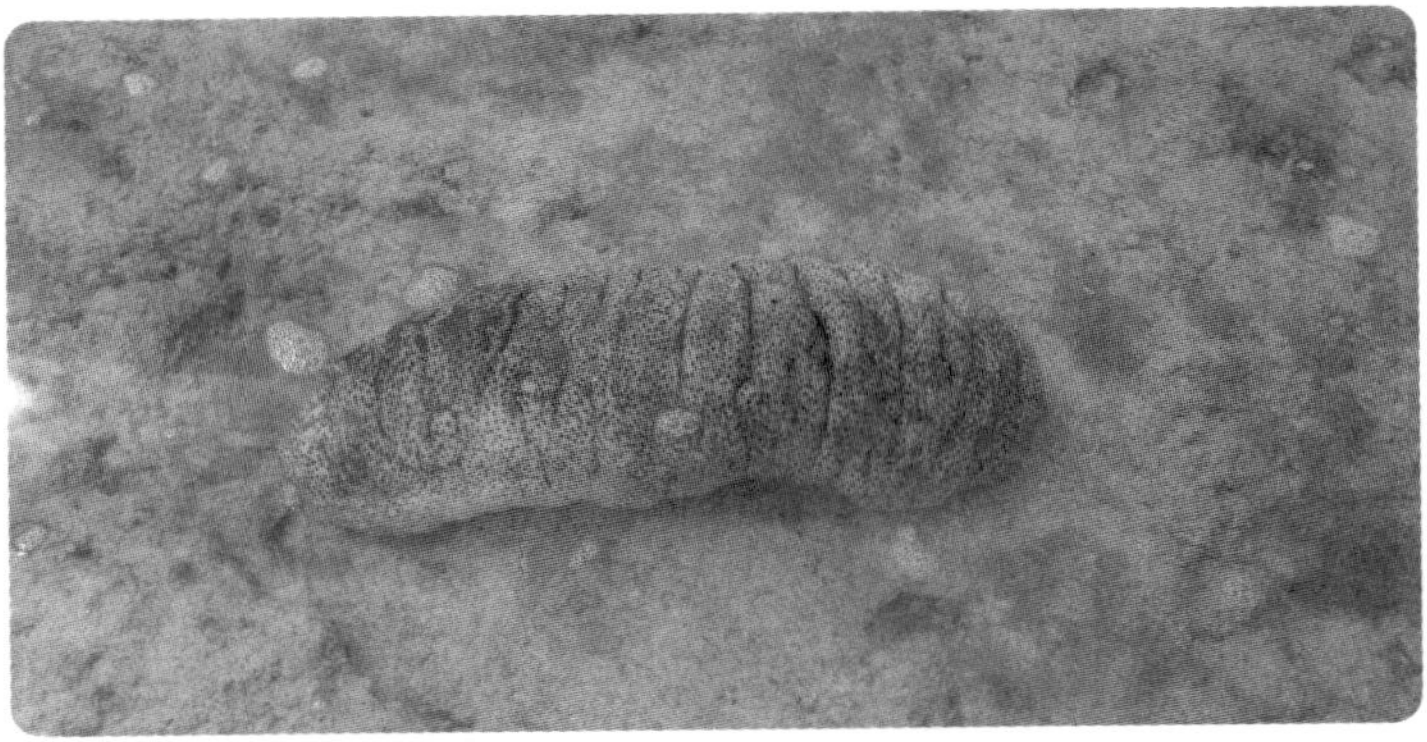

ハネジナマコ

ての仲間をとりはるんや。ナマコと名のついたもんは何でも連れていきはる人もおるんで」

人間の争いとナマコの危機

ぼっちゃんは、気まずい思いになりはじめました。

「ハネジナマコはん、すまんなあ。人間がみんな仲間を連れて行って食べてしもうたなんて、まっことすまんなあ」

「ぼっちゃん、わてら**ずっと昔から人間の食べ物や薬になってきた**んやで。ときには人間の食べ物がなくなったときにもわてらは食べられることで人間の命を救ってきたんやで。人間だって動物やから、何か食べんと生きていかれへんやんか。それはええねん。食べて、食べられて、いろんな生き物が地球上で生きてはるのは、それでええんや。わてらの仲間は自分で自分を切って増えることもできるし、卵をぎょうさん海へ放って仲間を増やすこともできるさかいな。

でも、おらんようになってしまうまで、わてらをとっていかはるのはあきまへんで。増えることができへんほどとってしまうとどうにもならんで。その昔、1700~1900年代の半ばくらいの頃や、わてらを煮て干した干ナマコ、〝いりこ〟というんやけど、これが中国で高う売れるいうんで、東南アジア、オーストラリアの海岸部、朝鮮、日本などの人々がわてらをぎょうさんとって、ゆでて、干して中国へ送ってはったんや。ひと儲けしよう思うて、ヨーロッパの国からも大きな船に乗って人がやってきはって、ナマコをとるようになったんや。わてらナマコは動きはゆっくりやし、浅いところにもぎょうさんいてるさかい、あっという間にとりつくされてしもうて、ナマコがおらんようになった島もでてきたんや。

おらんようになったからナマコをとるのをやめた島では、わてらはまだ増えることができてよかったんやけど、多くの島ではそのままとりつづけられ、小さい子どものナマコまでおらんようになってしもうた」

「ナマコはんたちは人間にひどい目にあわされとるやんか。僕、どうにもならん気持ちになってきてしもうたわ」

「ぼっちゃん、ナマコだけやないで。ナマコをめぐって、人間の間で争いもたくさん起こったんや。島の外からナマコをとりにやってきた人をよく思わんかった島の人が、外から来た人をな、何や腹が立つことがあったんやろな、数人殺してしもうたんや。そうしたら、外から来た人は鉄砲やら島の人が持っておらんかった武器をぎょうさん持っておったさかい、仕返しに数百人おった島の人のほとんどを殺してしまいはったんやわ。

しかも島の人が二度と刃向かってこんようにな、島の人に天然痘《てんねんとう》いう、当時治療でできへん顔がぼこぼこになる恐ろしい病気をうつして、島へ戻しはったんやて。島の人はそれは恐ろしゅう思うて、外から来た人には刃向かわんようになったんやて。外から来た人の好き放題やで」

「そんなひどいことしはる人がおったんかいな、恐ろしいわ。とんでもないわ」

「人間は、わてらからはとても想像できへんことをやりますさかいなあ。まったく不思議な生き物でっせ」

ぼっちゃんはだんだん震えてきました。

「僕も人間や。自分がどういう生き物かわからんようになってきたわ。なんや自分がとても恐ろしゅうなってきたわ」

「たいていの生き物は自分が生きるためにほかの生き物を殺して食べますやろ。これは生きるために必要や。そうせな、いろんな生き物が暮らしていけへんさかいな。いろんな生物が食べられて消化されてフンになったり、小さなプランクトンなんかが死んで海の底に沈んだりしてもらわんと、わてらも食べて生きていかれへんからな。海底で泥や砂を食べて生きる生き物は、みんなそうやで」

ぼっちゃんは神妙な顔をして聞いていています。

「そやね、生きていくにはほかの生物を食べなあかんもんね。それは仕方ないと思うわ」

「けどな、ぼっちゃん、人間は食べて生きるためだけには殺しまへんのや。自分と同じ人間ですら殺しまんねん。まったく不思議やで」

「そやねえ。いまも地球上では人間同士が戦争して殺しあってるさかい。平和が大切いう一方で、戦争が絶えへんもんなあ」

「わて思うにな、人間は必要以上にほしがりまんねん。欲といいますんか。食欲はわてらにもありまんがな。けど、**わてらは自分の腸に入る量より多くは食べられしまへん。一日食べつづけることもできしまへん。食べるのも休みが必要どすえ。わてらは腸が砂や泥でいっぱいになったら満足して、うんこを出しますねん。うんこ出したら、またその分だけ食べられるんや。ただそのくり返しや。**

人間はんの欲は胃腸や頭の大きさと関係なく大きくなり、底があれしまへんのや。人間の欲はとくに、生存に必要な脳の中心部の大事なところを使ってできてはるらしいがな。しかも食べものやなくて、富や名声いうもんもほしがると手がつけられしまへんのや。こうなると、後先考えんとわてらをとりつくしてしまうことになるんや。わてらがおらんようになったら、人間もいずれは困ってしまうんやけど、そんなことは欲に目がくらんだらなかなか考えられへんみたいで、困ったもんやわ。

ぼっちゃんには悪いけど、人間はできそこないなところあるで。せめて欲に底があれば、わてらのようなナマコなんかも底にすめて、欲も食べられて消化され、うんこにできますのに、底があれへんからどうにもならんのや。底がないいうことは穴があいてはるんや。人間の脳には穴があいてはるんやで、きっと」

ぼっちゃんは自分が人間であることがとても恥ずかしくなってきて、どうにもならない気持ちになってしまいました。

「脳って何なんやろう、脳は自分の体より大きな欲をつくりだしてしもうた。その欲は必要以上に求め、自分が食べていくこと以外の目的で、ほかの生き物や自分たちと同じ人間を殺してしまう。頭ええてどういうことなんやろう。学校に行ったりして脳を鍛えるってどういうことなんやろう」

「ぼっちゃん、脳だけでものを考えたらあきまへんで。ぼっちゃんの体全体で、いろんな生き物、地球とひとつになってものを考えなあかんで」

ぼっちゃんはだんだん深刻な表情になって、自問自答の海へ沈みはじめました。

「脳が発達してるって、ええことばかりやないんや。脳のないナマコはんたちは、海底の砂や泥を食べて争わんとゆっくり暮らしてはる。けど、人間は自分の体に合わんような大きな欲に振りまわされて、必要以上にほかの生物を殺し、また仲間をも殺してしまうんや。人間ってほんまに賢いん？　できそこないでほんまは全然イケてないんちゃうん」

クロナマコはそっと話しかけました。

「ぼっちゃん深刻になりすぎやで、体に毒やで、脳があるなし関係あれしまへんやんか。わてら命があることは同じですやろ」

「そやけど……」

ナマコのすみか、捕獲、およびその問題

ナマコの生活様式

ナマコは海底にすんでいます。海底の岩場や、海草やサンゴの枝の間、砂や泥の上に横

たわっています。また、砂や泥に潜って生活している種もあります。[4] 寒い地域から暖かい地域の海、海水浴場やサンゴ礁のリーフの上など、ときには干上がってしまうような浅い場所から6000mを超える深海まで、さまざまな種類のナマコがそれぞれの生活スタイルで生息しています。

具体的な生活様式は、①海底の砂や泥の上にいるタイプ、②触手と肛門だけを出して体を海底の砂や泥に埋めているタイプ、③体全体を海底の砂や泥に埋めているタイプ、④岩などに付着して樹状の触手を広げているタイプ、⑤泳げるタイプ、の5種類のタイプに分けられています。[1] とくに本州では冬から初春にかけて、魚屋さんでマナマコやキンコなど食用のナマコが生きたまま売られていますが、ヨットハーバーなど海の底まで見えるようなところでは、よく見るとマナマコを見かけることがあります。

ナマコの乱獲と危機

ナマコは素早く動かないので捕獲するのは簡単で、浅い海岸では子どもでも拾えます。また、少し深いところでは、素潜りなどでも拾えます。潜水具を使えば数十メートルの深い海底のものも拾えるし、深海では底引き網や潜水艦の生物採集装置で捕獲することも可能です。

この「捕獲しやすい」という点が大問題で、ナマコが売れるとなると誰でも簡単にナマコを捕獲できるので、短期間にみな、とりつくされてしまいます。

ナマコは日本や中国、韓国だけでなく太平洋の各地でも広く食用とされてきましたが、18世紀終わり頃から20世紀初頭にかけて、フィリピンやインドネシアを中心とした東南アジアの島々、オーストラリアの北や東海岸、ニューギニアを含むオーストラリア北側周辺の島々、朝鮮、中国、日本を含む地域にヨーロッパの国々も参入した干しナマコ（イリコ）を扱う大きなナマコ経済圏が生まれ、ナマコを中心とした国際的な取引、交流が発展し、多くの干しナマコが中国に運ばれていたとの記録があります。[65]

この時代にはナマコをめぐり、乱獲やナマコを煮るための薪の大量消費による生態学的な問題やナマコの利権をめぐる国際間、地域間の人同士の争いなど社会的問題も起こっていたとのことです。

20世紀はじめには、ナマコ漁が未開拓であったパプアニューギニア南西部沿岸部のキワイの村々にシンガポールから仲買人がやってきて、ナマコの加工法を教えながら干しナマコの買いつけを始めたそうです。村の近くの海にナマコはたくさんいても、とくに漁の対象とはならなかったのですが、これが売れるとなると、大人も子どももも村の多くの人々がナマコをとりはじめ、村中がナマコ景気に沸きました。

子どもでも簡単にとれるので小さいナマコもとりつづけられ、1ヵ月くらいで資源の枯渇が危惧される状況になったとの報告もあります。[66]

１９６０年代になり、野生生物種の絶滅や個体数の減少に国際取引が大きく加担しているのではないかとの懸念が強くなってきたことを受け、スイスに本部のあるＩＵＣＮ（The International Union for Conservation of Nature：国際自然保護連合）の総会が１９６３年にナイロビで開催され、「希少または絶滅危惧の野生生物種あるいはその皮とトロフィーの輸出・輸送・輸入の規制に関する国際条約」を制定することを求める決議が採択されました。

１９７３年３月にはワシントン条約＝ＣＩＴＥＳ《サイテス》（Convention on International Trade in Endangered Species of Wild Fauna and Flora：絶滅のおそれのある野生動植物の種の国際取引に関する条約）が採択され、日本を含む多くの国が条約に署名しました。条文の採択のほか、附属書という規制対象種のリストも作成され、今日まで２〜３年おきに開催される会議で見直されてきています。

種名一覧は附属書Ⅰ、Ⅱ、Ⅲに分けられており、数字が小さいほど危機が大きくなります。附属書Ⅰは、絶滅の脅威にさらされているもので、ここに記載されると商業的国際取引が禁止されます（人工繁殖したものや科学的目的などの例外はあります）。附属書Ⅱは、取引を規制しないと将来、絶滅の可能性があるものと、可能性がなくても取り締まり上、絶滅の可能性があるものと識別が困難なものも含みます。附属書Ⅲは、各国内で捕獲採取の禁止・制限をしているもので、取引において他国の協力を必要とするものについて、その国が掲載を決めることができるものです。

ナマコ類がCITESの議題で扱われたのは2002年11月の会議で、その後10年の議論を経て、2013年の会議で「各国の責任において管理する」ことに決まり、ナマコの問題は各国の取り組みにゆだねられた形で一応解決されたことになっているようです。[67] それでは、現在のナマコの状況はどのようになっているでしょうか。

UNEP-WCMC（国連環境計画世界自然保全モニタリングセンター）とCITES（ワシントン条約：絶滅のおそれのある野生動植物の種の国際取引に関する条約）の事務局が開発した、規制生物が学名で調べられるデータベースであるspecies+《スピーシーズ・プラス》を使ってナマコ類の規制状況を調べてみると、2023年7月7日時点で、棘皮《きょくひ》動物門（Echinodermata）はナマコ綱《こう》（Holothuroidea）のみが検索され、[68,69,70] 楯手目《じゅんしゅもく》（Aspidochirotida）のシカクナマコ科（Stichopodidae）4種とクロナマコ科（Holothuriidae）3種の計7種が登録されていました。

内訳は次ページの表のとおりです。

附属書レベル	目	科	種	備考
II種	Aspidochirotida（楯手目）	Stichopodidae（シカクナマコ科）	*Thelenota ananas*	バイカナマコの仲間
			Thelenota anax	
			Thelenota rubralineata	
		Holothuriidae（クロナマコ科）	*Holothuria fuscogilva*	イシナマコの仲間
			Holothuria nobilis	
			Holothuria whitmaei	
III種		Stichopodidae（シカクナマコ科）	*Isostichopus fuscus*	エクアドルが登録

Species＋による検索結果の内訳

日本におけるナマコの現状

ナマコの危機は、遠い外国の話で日本に関係ない、というわけではありません。中国の経済成長が進み富裕層が増え、高級なナマコの需要が近年高まり、日本産ナマコは人気があります。このような背景により、沖縄周辺では、日本では食べないが中国や東南アジアでは食用として取引されるシカクナマコなどを含む「ナマコ」と名のつくさまざまな種類のナマコが乱獲され、輸出されました。これにより沖縄本島や石垣島、周辺離島の近海に多く生息していたナマコが近年激減しました。

ナマコを乱獲から守るため、沖縄県は与那国島を除く県内すべての漁場で、各漁業協同組合にナマコの漁業権を与える方針を決め、２０１３年９月から漁業権の免許が出され、ルールを設けてナマコの資源保護を図る取り組みが始まりましたが[71]、２０２３年になってもナマコの数は十分回復していないように思われます。

私がよく研究でお世話になる日本ウミガメ協議会付属黒島研究所のある石垣島離島の黒島でも、最初に訪れた２００５年頃にはジャノメナマコ、バイカナマコ、シカクナマコ、ハネジナマコ、クリイロナマコなど、数多くの種類のナマコが海岸付近の浅いところにもたくさん生息しており、探さなくてもすぐに見つかる状況でした。しかし２０１０年頃にはかなり減りはじめ、２０２３年現在では、クロナマコとニセクロナマコ以外は浅場ではなかなか見つかりにくくなり、足の踏み場もないくらいいたクロナマコも激減しました。まさにいろいろな種類のナマコを人工繁殖させて、放流しないといけないような状況になっていると思います。

日本の国立研究開発法人国際農林水産業研究センターでは、フィリピン、インドネシア、日本の沖縄でのナマコの漁獲量が減少していることを受け、守り育てる漁場づくりを目指し、フィリピンにある東南アジア漁業開発センター養殖部局（ＳＥＡＦＤＥＣ／ＡＱＤ）と共同でハネジナマコをたくさん育てるための研究が試みられています。[72]これらの活動の輪をほかの種のナマコにも広げ、また日本国内にも広げてほしいものです。
２０２３年３月31日には、第六次戦略「生物多様性国家戦略２０２３-２０３０」が閣議決定されました。[73] ここでは、５つの基本戦略（①生態系の健全性の回復、②自然を活用した社会課題の解決、③ネイチャーポジティブ経済の実現、④生活・消費活動における生物多様性の価値の認識と行動、⑤生物多様性に係る取組を支える基盤整備と国際連携の推進）が示され、また、基本戦略ごとに行動目標が４〜５つ定められ、全体で25の行動目標が示されています。この基本戦略のなかで具体的にナマコの名称が出てくる箇所は、「基本戦略③ネイチャーポジティブ経済の実現」の行動目標「３-４ みどりの食料システム戦略に掲げる化学農薬使用量（リスク換算）の低減や化学肥料使用量の低減、有機農業の推進などを含め、持続可能な環境保全型の農林水産業を拡大させる」のなかの、「３-４-19 水産資源管理のルールの遵守アワビ・ナマコ等の沿岸域の密漁や我が国周辺水域における外国漁船の違法操業に対する取締りを強化するとともに、特定水産動植物等の国内流通の適正化等に関する法律（令和２年法律第79号）に基づく特定の水産動植物の国内流通及び輸出入の適正化を図る。【農林水産省】」です。[74]
生物多様性を実現させるためのさまざまな目標が掲げられていますが、政府主導のトップダウンだけでは生物保護の取り組みはうまくいかないと思います。「基本方針④生活・

消費活動における生物多様性の価値の認識と行動（一人一人の行動変容）」にも記載があるように、各人、地域の自主的な取り組みも重要となります。

ナマコなどの生物の保護をするには、地域、行政、教育機関などの連携と保護活動を実践的に行える人材育成や、具体的な活動のための資金が必要となります。また、行政では農林水産省、環境省、経済産業省、文部科学省などの異なる省庁の連携が必要となりますが、縦割りの行政ではなかなかうまくいかないので、省庁間をうまく調整し、市民や地域とのコミュニケーションを上手にとりながら戦略を立てて実行する人が必要です。

先日、環境省の方とお話をする機会がありましたが、生物保護はわかっていてもなかなか実践が難しいとのことでした。お役所は2〜3年で人事異動があり同じ部署で長く同じ仕事をしないので、長期に同じ人がプロジェクトに関わることができにくい現状があります。こうなると地域住民や地域密着型のＮＰＯ法人などが身近な環境を調査、モニタリングするような継続的な活動が重要となってくると思います。そういった意味で、少し前に流行りましたが、サイエンスカフェやサイエンスコミュニケーション、市民による環境調査を活性化する人材や、一歩踏みこんで、環境に関わる異分野を俯瞰的に見て効果的な戦略を考え実行できる人材（たとえばEnvironment Research Administratorなど）の育成が問題解決を進める上で役立つのではないかと思います。

ナマコ的打開策

脳がないナマコ的な解決方法としては、情報を中枢に集めないで、ローカルがそれぞれローカルな情報を集めてローカル同士が情報を共有・連携・協働することで、全体の大きな流れ（動き）をつくるという方法が考えられます。先の国際会議での取り決めから、国が調査をして、予算を確保し、方針を決めてから市民へ情報を伝え、地域でまた会議を開き、国の政策、方針を満たすための実行プランを立てて地域の予算を組んで、実際に取り組む組織をつくり、さらに具体的に手を動かす人を配置して取り組みはじめるというトップダウン形式のやり方だと時間がかかります。世界的な方針が決まってから10年遅れで現場は動きはじめるということにもなります。中枢制御、中央集権的方法ではなく、現場重視の分散、ローカルネットワーク型のボトムアップ形式の取り組みは、短期間にみながすべて同じ規格の行動をとらなくても、低コストで現実的な活動を地域ごとに早めに開始でき、長い目で見れば、地域の特性を生かした地域主体の持続可能な取り組みによる問題解決ができるのではないかと思われます。

バイカナマコ、花ざかり

ぼっちゃんが深刻な表情で沈んでいるところに、全身に梅の花の形の突起をたくさんつけたナマコがやってきました。

「**バイカナマコ**（*Thelenota ananas* (Jäger, 1833)：ナマコ綱《こう》、楯《じゅん》手《しゅ》目《もく》、シカクナマコ科）はんやないの。ご機嫌やなあ」

「クロナマコはん久しぶりやな。お連れはんかいな。何やら深刻そうな方やねえ」

「なんかすごいの来たわ、ご機嫌で何やら歌いはじめたで、かなりど演歌調やで」

♪♪♪
咲いた　恋の花　散り果てて
泣いて〜　泣いて〜
涙は　海の　塩となる

やがて　花びら　海の底へ
沈んで〜　沈んで〜
ナマコの　背中に　落つ

沈んだ　花びら　あら不思議
咲いた〜　咲いた〜
海の底で　梅の花《バイカ》となる
♪♪♪

「なに、深刻な顔して落ちこんではるん。失恋でもしはったんかいな？　わての背中を見てみなはれ。恋に散った花がかえり咲いて満開や。ぼっちゃんの散った花もわての背中の上で梅の花となってかえり咲きやで。元気出しなはれや！」

「確かに失恋で悩んだこともある。けどいまは、自分という存在、ヒトという生き物について悩んどるんや！」

バイカナマコは立ちあがり、体をくねくねさせながら叫びました！

「青いなあ〜、青いなあ〜、ぼっちゃん、青いなあ〜、久々に聞いたで、青いなあ〜、こ

バイカナマコ（亀田和成氏撮影）

の海のようにどこまでも青いなあ～、青い海はぼっちゃんの心やで！」

「僕の心が海の青？」

「海のように広く、深く、悩み、考えなはれや～、海やで、海やで～青い、青い、海やで～時には白波立てて暴れなはれやあ～！　心の中の小さなバケツをひっくり返して、心の中に海をもたなあかんで～、青い海を心の中にや！」

「ひえ～、なんかすごいやん！　バイカナマコのおっさん、なんやすごいやん！」

流れ藻《も》にのって

そこへ、夏眠《かみん》していたアルマータ姉さんたちが岩の割れ目から出てきました。

「さあぼっちゃん、おはようさん。そろそろもと来た海へ帰りまひょうか、旅の友がぎょうさん来ましたえ」

透明の小さな生き物が遠くから大群をなして泳いできます。卵からかえってまもなくのウナギの子どもたちです。ウナギは日本からはるばる旅をして南の海の深いところで産卵します。卵からかえったウナギの子どもは、再び海流にのって日本近海まで旅をして、日本の川や沼などにのぼって大きくなるのです。

アルマータ姉さんは大きなエイを呼びました。

「エイさん、わてらを大きな流れ藻《も》まで送り届けてほしいねんけど。そろそろ故郷の海へ帰ろう思うねん」

「アルマータ姉さん、来てはったんかいな。水くさいな、お安いことですがな。こちらお連れはんどすか、遠慮せんと早う乗りなはれや。それ行くでえ！　エイや！」

エイはかけ声とともに海底から舞いあがり、ウナギの子どもたちがのっている大きな海

流れ藻と小魚。流れ藻は海の生物の子どもたちのゆりかご。流れ藻に守られ、小魚たちは広い海を海流にのりながら安全に旅をすることができる

流の中の、いちばん大きな流れ藻の中にぼっちゃんとアルマータ姉さんたちを送り届けました。

「ほんまおおきにエイさん。またいつか頼んまっさ」

「いつでもお安い御用やで、また遠慮せんと遊びにきてや」

「さあぼっちゃん、もうひと眠りするで、ここは海のゆりかごや、まわりを見なはれ、いろんな種類の魚の子どもはんがぎょうさんいはるで。みんなこの藻の中でゆられながら旅をして大きくなるんやで。ぼっちゃんもひと寝入りすれば大きくなれるで。さあ、おやすみなはれや」

ぼっちゃんは流れ藻の中ですやすや眠りはじめました。そして、どれだけの間

眠ったでしょうか、いつの間にか、アルマータ姉さんと出会った海底に横たわっていました。

「ぼっちゃん着いたで、わてらが最初に出会った海に帰ってきたで」

「あ～よく寝た、アルマータ姉さんら、おはようさん。眠っているうちにいつの間にか着いたんやね。ずいぶん長い旅をした気がするけど、あっという間やった気もするわ。ところで、アルマータ姉さん。いままでずっとお話してきたけど、耳はどこにあるん」

「ぼっちゃんのような**耳はあらしまへん**。体全体でぼっちゃんの声を聞いてたんやで。ぼっちゃんの心の声も聞けましたわ。体全体を耳にして、目にして、世の中を感じてみなはれや。小さい生き物の声も、静かに歌う地球の歌も聞こえてきまっせ」

ナマコは音をどう聞くか

ヒトはどのように音を聞くのでしょう。まず、空気の振動が耳の穴に入り鼓膜を振動させ、その振動を耳小骨《じしょうこつ》という3つの小さな骨に伝えます。さらに振動は蝸牛《かぎゅう》という小指の先より小さなカタツムリのような形の器官の中のリンパ液に伝わり、蝸牛の中に並んでいる聴覚細胞の毛にひずみを与えることで聴覚細胞は電気をつくります。そして聴覚神経を通して脳の聴覚をつかさどる側頭葉《そくとうよう》に電気信号が送られることで、私たちは音を認識できます。

ナマコにはヒトのような高度で複雑な器官としての耳はありませんが、研究者たちの間では、体全体、管足《かんそく》などで水中の水の動きや地面から伝わる振動を感じていると推測されています。[75、76]

広島大学の櫻井《さくらい》直樹《なおき》先生、櫻井研究室のスタッフの方々との共同研究では、レーザーを使い、マナマコの共鳴周波数が40〜80Hz付近（ピアノの左端のほう）にあることが計測されました。現在、ナマコにさまざまな周波数の振動や、音楽などの音情報の刺激を与えてオリジナルのナマコ画像解析ソフト（↓39ページ）を用いて解析を進めるなどしています。[77]あわせて黒島研究所の亀田《かめだ》和成《かずなり》氏らの協力を得て、海の中の音の録音をしてナマコの生息環境の音の調査をし、ナマコの受容しやすい音（振動）と生息環境との関わりを調査しています。[78]

ナマコは音刺激に対していつも同じタイミングで明確な反応を示すとは限らないので、データを集計して明確な結果を出すのが大変です。いまのところ、音に対する反応は個体差が非常に大きいこと、特定の音情報に対して反応する傾向があること、その音はナマコ

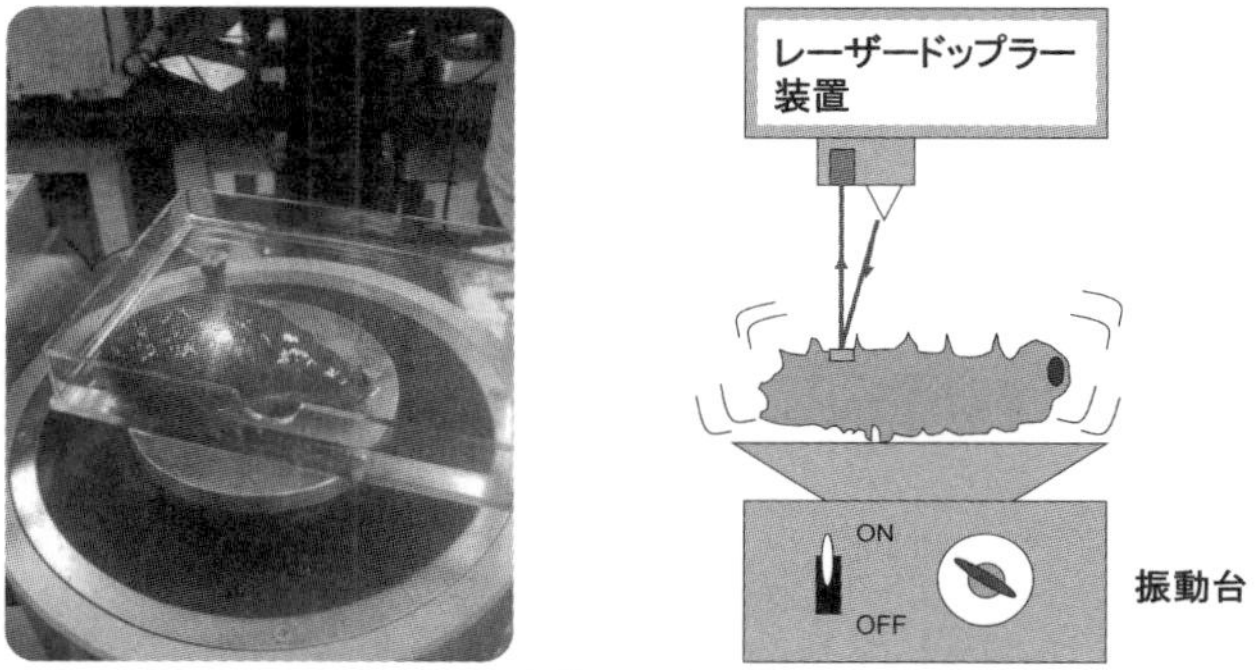

レーザーでナマコの共鳴周波数を計測する（右）。実際にレーザーをあてているところ（左）

が生きていくうえで重要な情報（たとえば干上がらないように水のある場所を感知するとか、海が荒れそうだとか）に関係があるのではないかと推察されていますが、まだはっきりとはわかりません。

　脳のないナマコは刺激に対する反応のバリエーションを大きくすることで、生き残れる可能性を高めているのではないかとも思われ、研究するのに工夫が必要だと感じています。ナマコは人とはちがう時間の流れで生きていると思われ、刺激を与えてどれくらいの時間がたってから反応するかも、人の感覚で見ているとわからないことがあります。どれだけナマコの世界に自分の感覚を近づけていけるかが大切です。つまり「どれだけナマコになれるか」が研究では重要になってきます。

　ナマコの生態はまだまだわからないことがたくさんあります。調べた結果が自分の想像をはるかに超えていたときのおもしろさは格別です。研究の楽しさは、いままでの世界を超えた新しい世界を垣間見ることができるところにあります。

地上へ

「ぼっちゃん、いよいよお別れのときが来たで、いつまでも海底に沈んでおったらあかんで。もう帰らんかいな」

「何寂しいこと言いはるん。おもしろくなってきたのに、僕帰らなあかんの？　でもどうやって、海の底やで、ひとりで帰られへんわ」

「わてらの仲間が世界中から寄りすぐりの沈没船のかけらを集めて、沈没船を1隻つくったさかい、これに乗っていきなはれ」

「沈没船のかけらで沈没船をつくりはったん。すごいなあ、3本マストの帆船やで！　りっぱな船やなあ。でも沈没船は沈没船やで、沈没したままやんか。しかも傾いとるで」

「わてにまかしなはれ！　来たで、来たでえ〜来たで〜！　ぼっちゃん帰れるでえ〜！」

わわんわん、わわんわん、ふわわんわん、ふわわんわん、わわんわん、わわんわん、わわんわん、わわんわん、ふわわんわん、ふわわんわん

「うわ～クラゲの大群が押し寄せてきたで。とんでもない数や！」

クラゲは沈没船を取り囲み、船体を押し、船体を起こしはじめました。そこにウミガメとイルカが加勢し、ついに傾いた船体を起こしたのでした。

「さあぼっちゃん、船にお乗り、お別れのときやで」

「寂しいけど、わかったよ。アルマータお姉さん、みなさんありがとう。僕は地上へ帰りますわ。みなさんのことは忘れまへん。地上で僕ができる何かを見つけます。さようなら、さようなら、みなさん、おおきに」

クラゲの大群が船体の下へ集結し、クラゲの傘を拍動させると船体はゆっくりと浮きはじめました。ウミガメは船底から加勢し、イルカはマストを支え、船体は浮上していきます。

「アルマータ姉さん、みなさん、さようなら、さようなら～ありがとう！　ありがとう！」

ぼっちゃんは手を振りつづけます。海底のアルマータ姉さんたちやその仲間たちも、触手を振りながら歌っています。

♪
進め　進め　夢の船　希望のマストに　帆をあげて
光輝く　君の夢へ　さあ　笑って　出発だ
嵐に　負けずに　舵を取れ　主舵いっぱい　進路は未来
苦しい時こそ　愛と希望の　旗を高く　掲げろ
♪

やがて海底は深い紺色の中へ溶けていき見えなくなりました。あたりがだんだん明るくなってきます。船の下の白いじゅうたんと化したクラゲたちは傘を動かしつづけ、イルカもウミガメも船を支えて海面を目指して泳いでいます。色とりどりのさまざまな種類の魚たちが船のまわりに集まり、踊りながら浮かびあがる船についてきます。

「ざざぶ〜ん！　ざざぶ〜ん！」

ついに船は海面にたどりつき、船内の水を放出して見事に海面に浮いたのでした。

久々に見る太陽はまぶしいものでした。（曲：オー・ソレ・ミオ）

クラゲも、ウミガメも、イルカも、色とりどりの魚たちも船のまわりをぐるぐるまわって、船の浮上を祝い喜びました！

「みんな、ありがとう、みんな、ありがとう」

ぼっちゃんは、さっそくマストに帆を張りました。帆は風を受け、大きく膨らみ、船はゆっくり進みはじめました。

ぼっちゃんの海底の旅は失恋がきっかけだったはずですが、そんなことはもうすっかり忘れていました。アルマータ姉さんをはじめいろいろなナマコたちに会って、世界が広がり、明るい気分になっていたのです。

ぼっちゃんは舵輪《だりん》をしっかりと握り、舵をとりながら歌いました。

♪♪♪
お前は能無し！　て怒鳴られた　それでも私は　にっこにこ
だってナマコも　脳ないもん
心臓肝臓　目　耳ないよ　筋肉ペラペラ　省エネモード
硬さの変わる　皮膚厚く　砂を食べて　生きてます
省エネ第一　地球の未来

私の生き方　なまなまなまなま　なまこも〜ど
無い無いづくしの　ナマコもね　ストレスかかると　胃腸にくるよ
そんなときには　大掃除
内臓みんな　パッと捨て去る　お腹はすっきり　からっぽさ
ストレス　食欲　消え失せた　これが本当の　無の境地
海の底で　悟ったよ
無の生き方　なまなまなまなま　なまこも〜ど

切断されても　大丈夫　２つの私に　なればいい
お尻と頭は　それぞれ歩く
びっくりたまげた　復活　再生能　平和にゆっくり　焦ることなく
管《かん》足《そく》いっぱい　地に足つけて　希望の波動　未来へ向かう
究極　ポジティブ　ポジティブ　ポジティブ
しぶとい生き方　なまなまなまなま　なまこも〜ど
♪♪♪

「なまこも〜ど」

作詞・作曲　一橋　和義

作詞アドバイス　若月　元樹

編曲　立山　龍之介

https://www.youtube.com/watch?v=TW54Cax8Vm0

おわりに

ナマコのことを一般向けの読者に書いてほしいとの依頼があり、本書を書いてみました。最初は、ナマコの生態についてＱ＆Ａ式として、子どもとの対話形式で記載して準備を進めていたのですが、なんとなく記載していて説明調になり、自分でも書いていておもしろくなくなってきたので、思い切ってナマコの生態を織りまぜた物語を書いてみました。なるべく科学的な研究の成果を土台としながらも、ナマコという不思議な生き物のおもしろさが引き立つような表現を求め、同時に、青年期の悩み、失恋や自分という存在への問いかけも織りまぜながら、また、人間という生き物を外から眺めてみることも試みながら表現してみました。

ところで、ルンバという自動お掃除ロボット[79]が世に出てからさまざまなお掃除ロボットが電気店に並んでいます。このルンバはマサチューセッツ工科大学（ＭＩＴ）の名誉教授であるロドニー・アレン・ブルックス（Rodney Allen Brooks）氏が１９８６年に発表し

た論文に記載の「サブサンプション・アーキテクチャ（Subsumption Architecture）」というシステムを利用した、中枢制御ではなくボトムアップ制御で動く自立走行ロボットをもとにつくられています。[80]

ナマコは脳がなく、頭とお尻のふたつに切って内臓がなくなっても、しばらくすると傷口を閉じて頭とお尻は別々に歩きはじめるので、中枢制御で動いていないようです。おそらく体の末梢にある個々の感覚が反射的に運動に結びつく単純なシステムが集合し、それをローカルで協調させるシステムを組み合わせることで、全体としての歩行運動を可能にしていると推察されます。お掃除ロボットとナマコは、じつはとても似ているシステムで動いているのかもしれません。

ナマコは海底をゆっくり這《は》いまわりながら、泥や砂をひたすら触手で口の中に入れて海底の（ゴミのような）有機物を消化し、きれいなフンをして海底を掃除しています。ナマコはルンバと同じ仕事をしているのです。脳を極度に発達させたヒトの世界を、脳を発達させずに再生能力と低エネルギー消費で生きる能力を発達させたナマコの世界から眺めることで、私たちの新たな価値観や生き方の発見につながればと願います。

本書をつくるにあたり、多くの方のお世話になりました。NPO法人日本ウミガメ協議会付属黒島研究所及びむろと廃校水族館の若月元樹氏、黒島研究所の亀田和成氏、中西悠氏、

おわりに

研修生、学生のみなさま、黒島の島民のみなさま、岡山大学の永井伊作先生、鳥取大学の稲賀すみれ先生、広島大学の櫻井直樹先生、櫻井研究室のみなさま、神戸市立須磨海浜水族園の元学芸員の佐名川洋之氏、神戸大学の尼川大作先生、坂東肇先生、上地眞一先生、真鍋典晃氏、立山龍之介氏、ゼミ生のみなさま、応援してくださっている神戸市、東京都、静岡県ほか、国内外のみなさま、元東京大学の倉橋みどり先生、研究室のみなさま、岩手生物工学研究センターの矢野明先生、東京大学の渡邊康平先生、渡辺順子氏、入職時にナマコの研究についてご理解をいただきました東京大学医学部附属病院の先生方、職員のみなさま、さくら舎の古屋信吾氏、中越咲子氏、スタッフの方々、研究においてご指導いただきました先生方、一橋満留氏ほか、家族、そのほか多くの支えてくださった方々に厚く御礼申し上げます。また、本書には平成18年度笹川科学研究助成「ナマコの刺激応答の研究と生物と音楽による共同授業の開発」、平成25年度沖縄美ら島財団 技術研究助成「沖縄産のナマコと海藻、微生物、サンゴ砂を効果的に用いた汚水浄化システムの開発及び、海洋生物育成、市民の環境教育支援」により支援をいただきました成果の一部が織りこまれています。研究助成をいただきましたことについて、この場を借りて厚く御礼申し上げます。

最後に、本書は私の自由な研究活動と表現活動を応援してくださった故・尼川大作先生に捧げます。

参考文献　※番号は本文の注と対応

1　高橋明義、奥村誠一（共編）『ナマコ学——生物・産業・文化』成山堂書店、２０１２年

2　三浦佑之（訳／注釈）『口語訳『古事記』完全版』、文藝春秋、２００２年

3　本川達雄、今岡亨『ナマコ ガイドブック』阪急コミュニケーションズ、２００３年

4　内田亨（監修）、馬渡静夫（編）『現代生物学大系 第1巻 無脊椎動物 A』中山書店、１９７０年

5　渡辺和子『置かれた場所で咲きなさい』幻冬舎、２０１２年

6　一橋和義（2016）「沖縄産のナマコと海藻、微生物、サンゴ砂を効果的に用いた汚水浄化システムの開発及び、海洋生物育成、市民の環境教育支援」沖縄美ら島財団助成事業 調査研究・技術開発の実施内容及び成果に関する報告書（研究者：一橋和義（代表）・矢久保允也・倉橋みどり）

7　崔相『なまこの研究——まなまこの形態・生態・増殖』海文堂、１９６３年

8　廣瀬一美・鈴木伸洋・岡本信明『新版　水産動物解剖図譜』成山堂書店、２００６年

9　広島大学生物学会（編）『日本動物解剖図説［新装版］』森北出版、２０１２年

10　一橋和義・永井伊作（2020）「マナマコの24時間の行動」日本動物学会第91回大会予稿集（H-05）

11　山内年彦（1941）「パラオ産有用ナマコ類に関する研究」科学南洋、2(4), 132-148.

12　Purcell, S. W., Lovatelli, A., González-Wangüemert, M., Solís-Marín, F. A., Samyn, Y., & Conand, C. (2023). *Commercially important sea cucumbers of the world.* FAO.

13　Massin, C. (1996). Results of the Rumphius Biohistorical Expedition to Ambon (1990) Part. 4. The Holothurioidea (Echinodermata) collected at Ambon during the Rumphius Biohistorical Expedition.

Zoologische Verhandelingen, 307(1), 1-53.

14 Paul, C. R. C., & Smith, A. B. (1984). The early radiation and phylogeny of echinoderms. *Biological Reviews*, 59(4), 443-481.

15 Kerr, Alexander M. 2000. Holothuroidea. Sea cucumbers. Version 01 December 2000. http://tolweb.org/Holothuroidea/19240/2000.12.01 in The Tree of Life Web Project, http://tolweb.org/,（閲覧日：2023/07/08）

16 The Paleobiology Database (PBDB): https://paleobiodb.org/#/（閲覧日：2023/05/17）

17 ICS (International Commission on Stratigraphy)（2023）, International Stratigraphic Chart 2023: http://www.stratigraphy.org/（閲覧日：2023/05/17）

18 Caron, J. B., & Jackson, D. A. (2008). Paleoecology of the greater phyllopod bed community, Burgess Shale. *Palaeogeography, Palaeoclimatology, Palaeoecology*, 258(3), 222-256.

19 塩見一雄・長島裕二『新・海洋動物の毒――フグからイソギンチャクまで』成山堂書店、２０１３年

20 Nguyen, L. T., Farcas, A. C., Socaci, S. A., Tofana, M., Diaconeasa, Z. M., Pop, O. L., & Salanta, L. C. (2020). An Overview of Saponins–A Bioactive Group. *Bulletin UASVM Food Science and Technology*, 77(1), 25-36.

21 Ivanchina, N. V., & Kalinin, V. I. (2023). Triterpene and Steroid Glycosides from Marine Sponges (Porifera, Demospongiae): Structures, Taxonomical Distribution, Biological Activities. *Molecules*, 28(6), 2503.

22 2 dead from sea cucumber food poisoning (by CARINE M. ASUTILLA, ABS-CBN Central Visayas)：

https://news.abs-cbn.com/nation/regions/04/13/09/2-dead-cebu-sea-cucumber-food-poisoning (Posted at Apr 13 2009 09:15 PM | Updated as of Apr 14 2009 06:54 AM)（閲覧日：2023/07/08）

23 Caulier, G., Van Dyck, S., Gerbaux, P., Eeckhaut, I., & Flammang, P. (2011). Review of saponin diversity in sea cucumbers belonging to the family Holothuriidae. *SPC Beche-de-mer Inf. Bull*, 31(1), 48-54.

24 橋本芳郎『魚貝類の毒』学会出版センター、１９７７年

25 中坊徹次（編／監修）『小学館の図鑑Z 日本魚類館 ～精緻な写真と詳しい解説～』小学館、２０１８年

26 朝鮮人参：「統合医療」に係る情報発信等推進事業（厚生労働省）:https://www.ejim.ncgg.go.jp/pro/overseas/c04/03.html（閲覧日：2023/07/10）

27 北川勲（1984）「サポニンあれこれ 大豆とナマコ」日本化粧品技術者会誌、18(2), 75-82.

28 ナマコから作った水虫薬ホロスリン（ホロスリン製薬株式会社）：https://www.holosrin.com/（閲覧日：2023/07/10）

29 ナマコ入りゼリーの継続摂取による口腔内微生物叢への影響評価：（UMIN000041088）（国立大学病院長会議 大学病院医療情報ネットワーク協議会）：https://center6.umin.ac.jp/cgi-open-bin/ctr/ctr_view.cgi?recptno=R000046922（閲覧日：2023/05/18）

30 ナマコ加工食品による口腔真菌抑制に関する研究：（UMIN000011607）：https://center6.umin.ac.jp/cgi-open-bin/ctr/ctr_view.cgi?recptno=R000013579,（国立大学病院長会議 大学病院医療情報ネットワーク協議会）（閲覧日：2023/05/18）

31 日本皮膚科学会皮膚真菌症診療ガイドライン改訂委員会（2019）「日本皮膚科学会皮膚真菌症診療ガ

イドライン２０１９」日本皮膚科学会雑誌、129 (13), 2639-2673.

32 Haryanto, Ogai, K., Suriadi, Nakagami, G., Oe, M., Nakatani, T., Okuwa, M., Sanada, H., & Sugama, J. (2017). A prospective observational study using sea cucumber and honey as topical therapy for diabetic foot ulcers in Indonesia. *Journal of Wellness and Health Care.* 41(2) ,41-56.

33 一橋和義・佐名川洋之（2005）「マナマコの消化管再生の観察」第71回日本動物園水族館協会近畿ブロック飼育係研修会発表資料（和歌山県）

34 一橋和義・永井伊作・亀田和成（2019）「クロナマコとシカクナマコの切断による増殖の試み――頭部、中部、尾部の3部位切断後の各部位の生存」日本水産学会大会講演要旨集２０１９（春季）,129.

35 吉田渉・玉井敦司・谷中俊広（2002）「陸奥湾産マナマコの発生と人工飼育」弘前大学農学生命科学部学術報告、4, 16-23.

36 ナマコ人工種苗生産（マリンネット北海道、地方独立行政法人北海道立総合研究機構水産研究本部）: https://www.hro.or.jp/list/fisheries/marine/o7u1kr00000db14.html（最終更新日：２０１３年03月01日、閲覧日：２０２３年7月8日）

37 藤倉克則・奥谷喬司・丸山正（編著）『潜水調査船が観た深海生物――深海生物研究の現在〔第2版〕』東海大学出版会、２０１２年

38 佐藤孝子『深海生物大事典』成美堂出版、２０１４年

39 洋泉社編集部（編）『深海生物ビジュアル大図鑑　人類の想像を超えた奇跡の生物』洋泉社、２０１４年

40 新江ノ島水族館（編集協力）『深海世界』パイインターナショナル、２０１２年

41 *Enypniastes eximia* Théel, 1882（ユメナマコ）(Biological Information System for Marin Life (BISMaL)):

https://www.godac.jamstec.go.jp/bismal/j/view/9000271（閲覧日：2023/05/14）
42 *Peniagone leander* Pawson & Foell, 1986（オケサナマコ）(Biological Information System for Marin Life (BISMaL))：https://www.godac.jamstec.go.jp/bismal/j/view/9000268（閲覧日：2023/05/14）
43 Pawson, D. L., & Foell, E. J. (1986). Peniagone leander new species an abyssal benthopelagic sea cucumber (Echinodermata: Holothuroidea) from the eastern central Pacific Ocean. *Bulletin of Marine Science*, 38(2), 293-299.
44 Holothuroidea: Taxonomic Serial No.158140 (Integrated Taxonomic Information System (ITIS)): https://www.itis.gov/servlet/SingleRpt/SingleRpt?search_topic=TSN&search_value=158140#null（閲覧日：2023/07/08）
45 Kanno, M., Suyama, Y., Li, Q., & Kijima, A. (2006). Microsatellite analysis of Japanese sea cucumber, *Stichopus (Apostichopus) japonicus*, supports reproductive isolation in color variants. *Marine Biotechnology*, 8(6), 672-685.
46 倉持卓司・長沼毅（2010）「相模湾産マナマコ属の分類学的再検討」生物圏科学：広島大学大学院生物圏科学研究科紀要、49, 49-54.
47 山名裕介（2020）「日本産ナマコ類の水産学的・分類学的研究における最近の動向」日本ベントス学会誌、75(0), 6-18.
48 治療前のご質問（ホロスリン製薬株式会社）：https://www.holosrin.com/（閲覧日：2023/07/10）
49 Kubota, T. (2000). Reproduction in the apodid sea cucumber *Patinapta ooplax*: semilunar spawning cycle and sex change. *Zoological science*, 17(1), 75-81.

50 Miller, A. K., Kerr, A. M., Paulay, G., Reich, M., Wilson, N. G., Carvajal, J. I., & Rouse, G. W. (2017). Molecular phylogeny of extant Holothuroidea (Echinodermata). *Molecular Phylogenetics and Evolution*, 111, 110-131.

51 岡西政典『生物を分けると世界が分かる――分類すると見えてくる、生物進化と地球の変遷』講談社、２０２２年

52 IUCN Red List of Threatened Species（IUCN Global Species Programme Red List Unit,（the Red List website (version 2022-2))：https://www.iucnredlist.org/（閲覧日：2023/07/07）

53 Conand, C., Gamboa, R. & Purcell, S. 2013. *Thelenota ananas. The IUCN Red List of Threatened Species* 2013: e.T180481A1636021: https://dx.doi.org/10.2305/IUCN.UK.2013-1.RLTS.T180481A1636021.en（閲覧日：2023/07/10）

54 Conand, C., Purcell, S., Gamboa, R. & Toral-Granda, T-G. 2013. *Holothuria nobilis. The IUCN Red List of Threatened Species* 2013: e.T180326A1615368. https://dx.doi.org/10.2305/IUCN.UK.2013-1.RLTS.T180326A1615368.en（閲覧日：2023/07/07）

55 Hamel, J-F., Mercier, A., Conand, C., Purcell, S., Toral-Granda, T-G. & Gamboa, R. 2013. *Holothuria scabra. The IUCN Red List of Threatened Species* 2013: e.T180257A1606648. https://dx.doi.org/10.2305/IUCN.UK.2013-1.RLTS.T180257A1606648.en（閲覧日：2023/07/10）

56 Hamel, J.-F. & Mercier, A. 2013. *Apostichopus japonicus. The IUCN Red List of Threatened Species* 2013: e.T180424A1629389. https://dx.doi.org/10.2305/IUCN.UK.2013-1.RLTS.T180424A1629389.en（閲覧日：2023/05/07）

57 絶滅の危機に瀕している世界の野生生物のリスト「レッドリスト」について（公益財団法人世界自然保護基金ジャパン（ＷＷＦジャパン））：https://www.wwf.or.jp/activities/basicinfo/3559.html#01（閲覧日：2023/05/07）

58 日本のレッドデータ検索システム（ＮＰＯ法人 野生生物調査協会、ＮＰＯ法人 Envision 環境保全事務所）：http://jpnrdb.com/（データ更新日：2021/01/05）（閲覧日：2023/07/07）

59 環境省絶滅危惧種検索（環境省自然環境局 生物多様性センター いきものログ運営事務局）：https://ikilog.biodic.go.jp/Rdb/env（閲覧日：2023/07/09）

60 ハンス・セリエ『現代生活とストレス』杉靖三郎、田多井吉之助、藤井尚治、竹宮隆（訳）、法政大学出版局、１９７４年

61 Selye, H. (1936). A syndrome produced by diverse nocuous agents. *Nature*, 138(3479), 32-32.（Selye, H. (1998). A syndrome produced by diverse nocuous agents. *The Journal of Neuropsychiatry and Clinical Neurosciences*, 10(2), 230a-231.）

62 Conand, C. (1996). Asexual reproduction by fission in *Holothuria atra*: variability of some parameters in populations from the tropical Indo-Pacific. *Oceanologica acta*, 19(3-4), 209-216.

63 DeMoor, S., Waite, H. J., Jangoux, M. J., & Flammang, P. J. (2003). Characterization of the adhesive from cuvierian tubules of the sea cucumber *Holothuria forskali* (Echinodermata, Holothuroidea). *Marine biotechnology*, 5, 45-57.

64 Brasseur, L., Parmentier, E., Caulier, G., Vanderplanck, M., Michez, D., Flammang, P., Gerbaux, P., Lognay, G., Eeckhaut, I. (2016). Mechanisms involved in pearlfish resistance to holothuroid toxins.

Marine biology, 163: 129.

65 鶴見良行『ナマコの眼』ちくま学芸文庫、１９９３年

66 秋道智彌（編著）『イルカとナマコと海人たち――熱帯の魚撈文化誌』日本放送出版協会、１９９５年

67 中野秀樹・高橋紀夫（編）『魚たちとワシントン条約　マグロ・サメからナマコ・深海サンゴまで』文一総合出版、２０１６年

68 ワシントン条約規制対象種の調べ方（経済産業省）：https://www.meti.go.jp/policy/external_economy/trade_control/02_exandim/06_washington/cites_search.html（閲覧日：2023/07/10）

69 ワシントン条約附属書（動物界）２０２３年5月21日時点版：https://www.meti.go.jp/policy/external_economy/trade_control/02_exandim/06_washington/download/20230521_appendix_fauna.pdf

ワシントン条約について（条約全文、附属書、締約国など）:https://www.meti.go.jp/policy/external_economy/trade_control/02_exandim/06_washington/cites_about.html（閲覧日：2023/07/10）

70 SPECIES+: https://speciesplus.net/（閲覧日：2023/07/07）

71 斉藤円華（オルタナ編集部）「ナマコ漁獲制限、沖縄ほぼ全域で――9月から、乱獲で資源底をつく」（2013/02/07）：https://www.alterna.co.jp/10526/alterna（閲覧日：2023/07/09）

72 南部亮元（2022）「ナマコをまもり育てる漁場づくりを目指して」広報 JIRCAS、国立研究開発法人国際農林水産業研究センター、10, 8-11. (ISSN 2434-1886)：https://www.jircas.go.jp/sites/default/files/publication/jircas/jircas10-_-.pdf

73 生物多様性国家戦略（みんなで学ぶ、みんなで守る 生物多様性 Biodiversity 内）（環境省）：https://

www.biodic.go.jp/biodiversity/about/initiatives/index.html（閲覧日：2023/07/09）
74 生物多様性国家戦略 2023-2030 ～ネイチャーポジティブ実現に向けたロードマップ～：https://www.env.go.jp/content/000124381.pdf
「生物多様性国家戦略 2023-2030」の閣議決定について（2023/03/31）：https://www.env.go.jp/press/press_01379.html（閲覧日：2023/07/10）
75 Ichihashi, K., Amakawa, T., Motokawa, T., Sanagawa, H., Kuroki, S., Tohro, M., Bando, H., & Sakurai, N. (2006). Can sea cucumber hear sound?. *Comparative Biochemistry and Physiology*, Part B, 145(3), 408.
76 Lin, C., Zhang, L., Pan, Y., & Yang, H. (2017). Influence of vibration caused by sound on migration of sea cucumber *Apostichopus japonicus*. *Aquaculture Research*, 48(9), 5072-5082.
77 一橋和義・永井伊作（2017）「シカクナマコの音楽受容――音響学的刺激に対するナマコの反応の再現性実験」日本感性工学会大会予稿集（CD-ROM）(Proceedings of the Annual Conference of JSKE (CD-ROM)) 19th. ROMBUNNO.P29.
78 一橋和義・亀田和成・櫻井直樹（2018）「クロナマコ体壁の共鳴周波数と生息環境音の関係」日本感性工学会大会 (Web) 20th. ROMBUNNO.P-72 (WEB ONLY)
79 Roomba® Robot Vacuums (iRobot): https://www.irobot.com/（閲覧日：2023/07/11）
80 Brooks, R. (1986). A robust layered control system for a mobile robot. *IEEE Journal on Robotics and Automation*, 2(1), 14-23.

著者略歴

1972年、鳥取県米子市に生まれる。神戸大学大学院修了。東京大学医学部附属病院臨床研究ガバナンス部助教。URAとして臨床研究に関する支援業務に従事している。学生の頃からナマコの生理・生態の研究に没頭し、現在はナマコの音受容の研究等に取り組む。その他にも音楽療法やサイエンスコミュニケーション、心理学など幅広い領域で研究やアウトリーチ活動を行っている。ナマコの生態を歌にした「なまこも〜ど」をYouTubeなどで公開中。

ナマコは平気《へいき》！　目《め》・耳《みみ》・脳《のう》がなくてもね！
——5億年《おくねん》の生命力《せいめいりょく》

二〇二三年八月一〇日　第一刷発行

著者　一橋和義《いちはしかずよし》
発行者　古屋信吾
発行所　株式会社さくら舎　http://www.sakurasha.com
東京都千代田区富士見一-二-一一　〒一〇二-〇〇七一
電話　営業　〇三-五二一一-六五三三　FAX　〇三-五二一一-六四八一
編集　〇三-五二一一-六四八〇
振替　〇〇一九〇-八-四〇二〇六〇

装丁　アルビレオ
本文写真・イラスト　一橋和義　亀田和成
本文DTP　土屋裕子　山中里佳（株式会社ウエイド）
印刷・製本　中央精版印刷株式会社

ISBN978-4-86581-395-1